国家职业技能等级认定培训教程
国家基本职业培训包教材资源

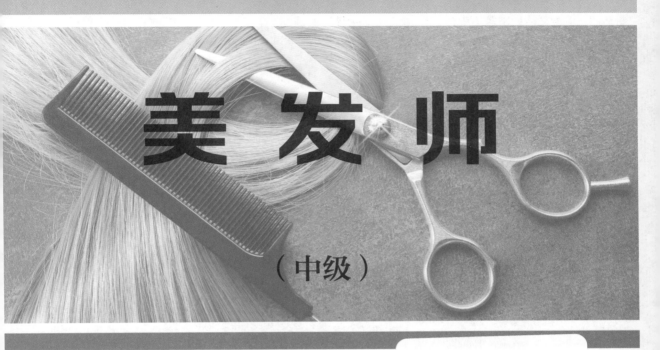

美 发 师

（中级）

U0247776

编审委员会

主　任　刘　康　张　斌
副主任　荣庆华　冯　政
委　员　葛恒双　赵　欢　王小兵　张灵芝　吕红文　张晓燕　贾成千
　　　　高　文　瞿伟洁

本书编审人员

主　编　董元明　胡纪纬　陈　勇
编　者　卢晨明　李奇顺　屠　亮
主　审　陈林声
审　稿　张爱梅　陈　建　曹　青

中国人力资源和社会保障出版集团

中国劳动社会保障出版社　　中国人事出版社

图书在版编目（CIP）数据

美发师：中级 / 中国就业培训技术指导中心组织编写 . -- 北京：中国劳动社会保障
出版社：中国人事出版社 , 2020
国家职业技能等级认定培训教程
ISBN 978-7-5167-4780-3

Ⅰ . ①美… Ⅱ . ①中… Ⅲ . ①理发－技术培训－教材 Ⅳ . ①TS974.2

中国版本图书馆 CIP 数据核字（2020）第 236837 号

中国劳动社会保障出版社
中国人事出版社 出版发行
（北京市惠新东街 1 号　邮政编码：100029）

*

北京市艺辉印刷有限公司印刷装订　　新华书店经销

787 毫米 ×1092 毫米　16 开本　9.75 印张　159 千字
2020 年 12 月第 1 版　　2022 年 8 月第 2 次印刷
定价：39.00 元

读者服务部电话：（010）64929211/84209101/64921644
营销中心电话：（010）64962347
出版社网址：http://www.class.com.cn

前　言

为加快建立劳动者终身职业技能培训制度，大力实施职业技能提升行动，全面推行职业技能等级制度，推进技能人才评价制度改革，促进国家基本职业培训包制度与职业技能等级认定制度的有效衔接，进一步规范培训管理，提高培训质量，中国就业培训技术指导中心组织有关专家在《美发师国家职业技能标准（2018 年版）》（以下简称《标准》）制定工作基础上，编写了美发师国家职业技能等级认定培训教程（以下简称等级教程）。

美发师等级教程紧贴《标准》要求编写，内容上突出职业能力优先的编写原则，结构上按照职业功能模块分级别编写。该等级教程共包括《美发师（基础知识）》《美发师（初级）》《美发师（中级）》《美发师（高级）》《美发师（技师　高级技师）》5 本。《美发师（基础知识）》是各级别美发师均需掌握的基础知识，其他各级别教程内容分别包括各级别美发师应掌握的理论知识和操作技能。

本书是美发师等级教程中的一本，是职业技能等级认定推荐教程，也是职业技能等级认定题库开发的重要依据，已纳入国家基本职业培训包教材资源，适用于职业技能等级认定培训和中短期职业技能培训。

本书在编写过程中得到上海市职业技能鉴定中心、上海美发美容行业协会、上海市第二轻工业学校、上海市商业学校、上海市市北职业高级中学、上海第二工业大学、上海永琪美容美发技能培训学校、上海文峰职业技能培训学校的大力支持与协助，在此一并表示衷心感谢。

中国就业培训技术指导中心

目　录 CONTENTS

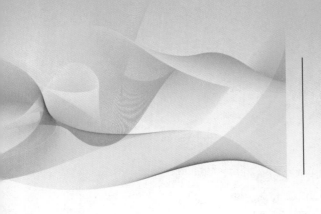

职业模块 ① 接待服务

内容结构图

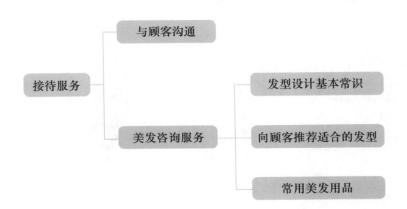

接待服务
- 与顾客沟通
- 美发咨询服务
  - 发型设计基本常识
  - 向顾客推荐适合的发型
  - 常用美发用品

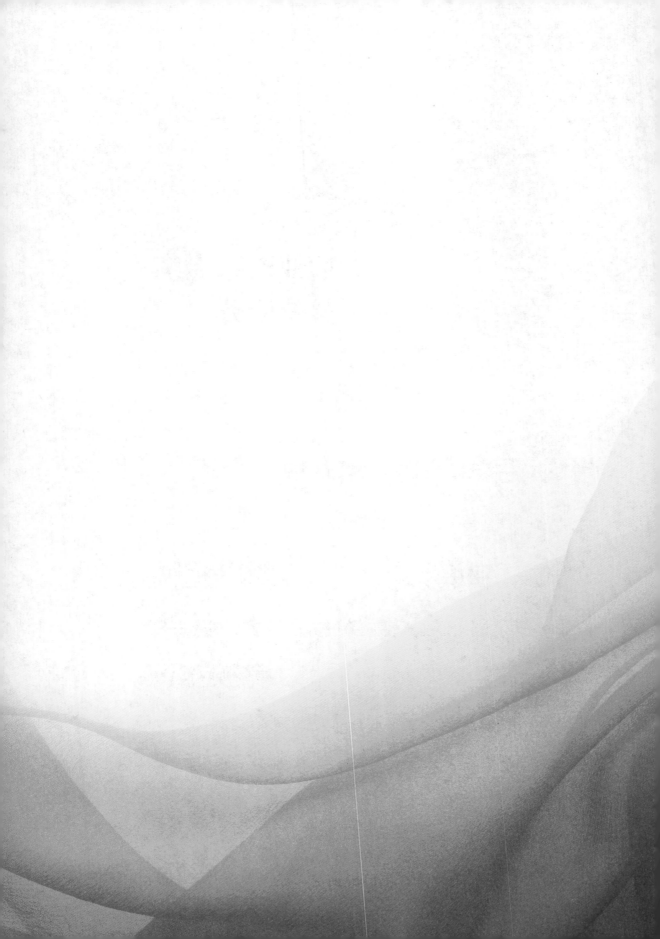

培训项目 **1**

与顾客沟通

培训重点

熟悉顾客美发心理常识。
掌握顾客沟通方式和技巧。

知识要求

一、顾客美发心理常识

1.少年儿童的心理

孩子们一般对发型没有过多的要求，因此美发师在修剪时一定要多听取其父母的建议，孩子的发型要体现其活泼的个性。

2.年轻人的心理

年轻人一般喜欢追求时尚，流行观念在他们中最能得到推广，因此年轻人是进行染发、烫发、护发等项目推荐和新产品推广的关键人群。年轻人的发型设计要易于自行打理和变化，以适应不同场合的需求。

3.中年人的心理

中年人要求的发型通常是干净利落、易于梳理，并且要体现出职业感和稳重大方的特点，因此，应向中年人大力推荐烫发和护发项目。对于渴望留住青春、惧怕老气横秋的中年女性，不应推荐她们染黑发，而应推荐其染较深的其他颜色，这将有助于提升中年女性稳重又不失优雅的气质。

4.老年人的心理

老年人进入暮年，一般喜欢别人夸其年轻，美发师一定要注意到老年人的这一心理需求，适时予以夸赞，以博得老年顾客的信任。此外，由于年龄因素导致脱发，老年人一般发量不多，美发师要注意做好老年顾客的吹风造型工作，同时也可以向其推荐烫发项目，以使老年顾客的发量看起来多一些。

二、与顾客沟通的方式

美发师在与顾客沟通时，很多顾客一般不喜欢主动说话，因此需要美发师进行询问引导。

1.询问的目的

询问是为了发现顾客对美发用品或服务的相关需求，了解顾客的真正想法，为其提供更好的服务。

2.询问的原则

（1）询问时，不得让顾客感觉到被侵犯、受伤害。

（2）不连续发问，以免引起顾客的反感，使顾客产生抗拒心理。

（3）询问的内容一般应与顾客需求有关。

3.常见的询问方式

由于顾客类型、情景不同，因此询问方法各不相同，美发师要会灵活变通。较普遍的询问方式主要有两种，即开放式询问和封闭式询问。

（1）开放式询问。开放式询问分为直接询问和间接询问，一般适合在与顾客刚开始接触、话题不多时。开放式询问能引出很多话题和信息，避免冷场。例如，美发师想了解顾客喜欢什么类型的发型时可以进行如下询问。

1）直接询问："您好！请问您平时喜欢什么风格的造型？"

2）间接询问："您好！不知道您对××明星的最新造型感觉如何？"

通过开放式询问，美发师可以有效地了解顾客的真实想法，这样才能把握顾客的兴趣和关注点，以便在开展具体工作时更有针对性。

（2）封闭式询问。当美发师无法对顾客的意图做出准确判断时，就需要用封闭式询问来获取顾客的确切想法，如"是或否"或"二选一"的询问方式。切忌在刚开始交流时采用这种询问方式，因为封闭式询问的回答本身就限制了话题，容易导致没有话题而冷场。

1）关于"是或否"的询问。例如："您好！您近期是否有烫染的打算？我们店里正好有活动。""您好！您的发质受损比较严重，是否需要做一下护理？"

2）关于"二选一"的询问。例如："您好！您是想要按照原样修一修，还是想换个新的发型？""您好！您是想要吹个造型，还是吹顺就好了？"

美发师在刚开场时为避免冷场，要以开放式询问方式为主，当对顾客的某个意图难以判断时则可用封闭式询问方式。在具体实践中，美发师需要灵活运用询问方式，不能教条式地使用。

三、与顾客沟通的技巧

1. 微笑是对顾客最好的欢迎

迎接顾客时，美发师一定要送上真诚的微笑，将自己的善意传达给顾客。真诚的微笑可以拉近与顾客的距离。

2. 树立"顾客永远是对的"服务理念

美发师要树立"顾客永远是对的"服务理念，应及时处理顾客的反馈意见，要积极主动地与客户进行沟通，对顾客提出的问题要耐心倾听、尽力解决，让顾客感受到被重视。

3. 礼貌真诚待客

美发师要礼貌待客，让顾客真正感受到被尊重。顾客进门时，美发师要说"欢迎光临，请多多关照！"或"欢迎光临，请问有什么可以帮您的？"。真心诚意会让顾客感觉到亲切。

让顾客满意，重要的一点体现在真正为顾客着想，处处站在对方的立场，想顾客所想，以诚感人，用心待人。

4. 凡事留有余地

美发师在与顾客交流时，不要用"肯定""保证""绝对"等词语，要用"尽量""努力""争取"等词汇，当发型效果与顾客期待存有偏差时，给自己留出沟通回旋的余地。

培训项目 ②

美发咨询服务

培训单元 1　发型设计基本常识

培训重点

了解不同发型与脸型的配合。

熟悉不同发型与头型的配合。

知识要求

一、发型与脸型的配合

1. 圆形脸

对圆形脸进行发型设计时，应增加顶部的高度，使脸型稍稍拉长，给人以协调、自然的美感。要避免面颊两侧的头发隆起，否则会使颧骨部位显得更宽。

2. 方形脸

对方形脸进行发型设计时，重点是以圆去方，使人们由于线条的圆润而减弱对脸部方正线条的注意力。前额不宜留齐整的刘海，也不宜全部暴露额部。

3. 长方形脸

对长方形脸进行发型设计时，发型轮廓要压住顶发的丰隆，顶部应平伏，刘海易下垂，使脸部显得圆一些。同时还要使两侧的发量增加，使脸颊显得饱满。

4. 菱形脸

对菱形脸进行发型设计时，一般将上部的头发拉宽，下部的头发逐步紧缩，以遮盖其颧骨凸出的缺陷。

5. 正三角形脸

对正三角形脸进行发型设计时，要使耳朵以上部分的发丝蓬松，这样能增加顶部的宽度，从而使两腮的宽度相应减弱。

6. 倒三角形脸

对倒三角形脸进行发型设计时，适合选择侧分头缝（也称头路）的不对称发式，露出饱满的前额。

7. 椭圆形脸

椭圆形脸也称瓜子脸、鹅蛋脸，是一种女性标准脸型，适合各种发型，并均能达到和谐的效果。

二、发型与头型的配合

发型设计的目的之一是利用巧妙的发型调整，克服头型的缺陷，产生椭圆形头型的效果。美发师应仔细研究顾客的头型，然后用一张椭圆形图加在上面，如哪边出现扁平现象，就应该调整那边头发的厚度以补足该区域。当然，这并不意味着所有的发型都应是椭圆形的，美发师也可根据不同的头型设计出多种时尚的发型。头型有椭圆形、长方形、圆形和扁形四种。

1. 椭圆形头型

椭圆形头型是一种比较标准的头型，一般发型都适合。

2. 长方形头型

长方形头型因头型较长，两边头发应处理得蓬松一点，顶部不易处理得太高，发型应横向扩展。

3. 圆形头型

圆形头型的两边头发应处理得易向前梳理，顶部头发应处理得蓬松一点，刘海不要过多地遮住脸部。

4. 扁形头型

扁形头型的整个发型要处理得蓬松一点。

培训单元 2　向顾客推荐适合的发型

培训重点

能够根据不同顾客的条件为其推荐适合的发型。

能够熟练地为顾客选择发型。

知识要求

一、根据顾客自身条件推荐不同的发型

在对顾客自身条件进行整体分析的基础上，设计和塑造顾客的发型，涉及的内容包括发质、发色、头旋、头型、脸型、头和身体的比例等。

1. 发质

发质是指头发的粗细、软硬、多少及健康情况。某一种发质不是任何发型都适合的，了解发质有助于对发型式样做出正确的选择。

2. 发色

发色体现个人的气质。某一种发色不是任何发型都适合的。

3. 头旋

在美发操作时，需要注意头旋，头旋有时会影响最后的发型效果。

4. 头型

头型体现了头颅的大小、方圆、凹凸，应该根据不同的头型对发型做出相应的选择。

5. 脸型

发型的设计和制作很多时候都是要与脸型相配合的。

6. 头和身体的比例

头和身体的比例关系到发型的轻重之感及收缩、放大的效果。

二、根据顾客的发质条件推荐发型

1. 钢发

钢发比较粗硬，生长稠密，含水量较多，有弹性，弹力稳固。对钢发要进行直线修剪，尽量减少发量。发质条件为钢发的顾客不宜留短发，适合中长发型，烫直发后可增加头发的柔顺感。

2. 绵发

绵发是指比较细软的头发，缺少硬度，弹性较差。对于发质条件为绵发的顾客，宜选择中短卷发造型，在发根部进行烫发，使头发微微直立，这样才能产生头发浓密的视觉效果，并增强发型的立体感。

3. 油发

油发的油质较多，弹性较强，抵抗力强，弹性不稳定。为了清洗方便，对于发质条件为油发的顾客，建议以短发型为主。

4. 沙发

沙发缺乏油脂，含水量少。对于发质条件为沙发的顾客，建议以短发型为主。

5. 卷发

卷发弯曲丛生，有一定的弹性。对于发质条件为卷发的顾客进行发型设计和制作时，可考虑减少发量，建议以有层次的中长发型为主。

培训单元 3　常用美发用品

了解洗、护、固（饰）、烫、漂、染发等用品的功能及特点。
了解常用美发用品的检查方法。
了解常用美发用品的鉴别方法。

一、常用美发用品简介

随着生活水平的提高，人们对自身健康和个人形象越来越重视，尤其是对头发健康和头发造型的完善更加追求。因此，美发师应了解并掌握所接触的各种美发用品的性能和特征，以满足顾客不同的美发需求。

1. 洗发用品

洗发用品的主要成分是洗涤剂、助洗剂和添加剂。洗涤剂提供了良好的去污力和丰富的泡沫成分；助洗剂增加了去污力和泡沫的稳定性，改善了洗涤剂的性能；添加剂的种类有很多，如增稠剂、抗头屑剂、调理剂、滋润剂、香料、色素等，使洗发用品拥有各种不同的功能和效果。洗发用品一般具有泡沫丰富、去污力强、无刺激、易冲洗等特点，通常根据其所含的成分和功效进行分类。

2. 护发用品

护发用品的种类有很多，如护发素、营养油、修护霜、护发油、氨基酸、精油等。其主要作用是使头发健康、柔顺、有光泽、不产生静电、富有弹性、补充营养和水分等。其主要成分有维生素配方、阳离子、蛋白质、果酸精华、芦荟汁、活性氨基酸、矿物质、滋养液等。

3. 固（饰）发用品

固（饰）发用品是美发师在工作中为顾客造型时所用的定型物（如发胶、啫喱水、啫喱膏、摩丝、发蜡、护卷素、弹力霜等）。其主要作用是根据美发师所设计发型的形状进行定型，塑造出不同的发型效果，令头发形状保持持久。例如，对于半干状态的发丝使用定型物，可使头发显得自然、富有活力：细软发质的头发可选用发胶、特硬啫喱水、摩丝等固定发型；粗硬发质的头发可选用发蜡、发泥等固定发型；烫染过的头发则可选用护卷素与弹力霜定型。

4. 烫发用品

判断烫发用品质量的好坏，不仅要看其商业包装是否精致，还要看其说明书中的配方，更要注意其有效期。在使用烫发用品前，可以用pH试纸测验其酸碱度，轻嗅其气味，气味越刺鼻其含碱度就越高；也可用一缕真发进行试烫，卷曲10 min后观察其效果。任何烫发剂的烫发原理都相同，因为烫发都意味着头发的膨胀，而头发的膨胀是源于外部给予的化学和物理作用，使头发张力部分解除，达到头发皮质层的软化，以适应外部给予头发的物理作用。

烫发用品主要有烫发剂和中和剂（也称定型剂）。现在厂家也会分三剂生产和包装：烫发剂（A剂），起分解软化发质作用；中和剂（B剂，也称定型剂），起中和定型作用；护发剂（C剂），起改善发质、增加光泽作用。

从化学角度来讲，软化意味着在头发内部通过烫发剂的渗透，使头发中的串联物分子分解和改变，即分解和改变硫化串、氢化串、盐化串。分解和改变以后，必须再经过重组（中和剂作用），才能使头发达到持久性的卷曲。

烫发剂里含有含氢硫根的氨基酸、阿摩尼亚及其他附加物。含氢硫根的氨基酸有分解作用，在烫发的过程中能把头发表皮层分子结构的链锁打开；阿摩尼亚可以软化头发的表皮层，使头发膨胀，利于烫发剂的吸收；附加物有护发的成分，可使头发减轻损伤。中和剂原来的主要成分是钠、钾、溴酸盐、过氧化氢四种，由于过氧化氢具有脱色的弊端，所以现在大多使用溴化钠。中和剂的作用是重组固定，其中的成分会使胱氨酸的氢消失，氢消失后的半胱氨酸分子与硫原子相链接，会形成一个新的胱氨酸分子，这样头发的卷曲形状就会被固定下来。烫发剂通常可分为以下 3 类。

（1）碱性烫发剂。主要成分是硫化乙醇酸，pH 值为 9 以上，属抗拒性烫发剂，适合较粗、较硬、从未烫染过的头发使用。

（2）微碱性烫发剂。主要成分是碳酸氢铵，pH 值为 7 ～ 8，属于普通烫发剂，适合一般发质使用，应用较广。

（3）酸性烫发剂。主要成分是碳酸铵，并含有胱氨酸，pH 值为 6 以下，已接近头发正常的 pH 值，它对头发具有一定的保护作用，在目前的烫发剂中属于较好的烫发剂。

5. 漂发用品

漂发是指通过漂发用品来改变头发原来的色素成分。漂发用品可使黑色的头发变成红、黄、白等颜色，还可去除已染的颜色，修正头发中因染色操作失误而留下的色差，更可漂淡头发色素为染发做铺垫。漂发用品主要包括漂粉和双氧。

漂粉内含有碱性阿摩尼亚，可使毛鳞片张开，便于漂淡剂渗入头发组织，改变头发原来的色素成分。

双氧俗称双氧奶、双氧水或显色剂，有水状和乳状两种，内含过氧化氢（H_2O_2），是一种能消除色素的物质。过氧化氢中的氧可以软化头发的表皮层，渗透到皮质层中，消除原来的色素细胞，减少色度，使头发变浅。这种改变一般要根据头发色素及漂淡剂停留在头发上的时间而定。

6. 染发用品

染发剂的作用是通过人工色素来改变头发的天然色素，形成目标发色。染发剂一般分为以下几种。

（1）临时性染发剂。临时性染发剂可溶于水或酒精，同时大多数的临时性染发剂要配合液体使用，只是一种表面附着物，不会进入头发内层。它不含化学物质，头发颜色通常只能维持到下次洗发为止。临时性染发剂有膏状（彩色发蜡、发泥等），也有粉状和喷雾型（造型后均匀喷洒在整个头部或局部）。

临时性染发剂的优点：可调和遮盖白发，增强天然发色，润饰漂过的头发或增艳发色、纠正发色等。

临时性染发剂的缺点：容易褪色、易沾染衣物、不易染匀、空气潮湿时会有黏稠感。

（2）非持久性染发剂。非持久性染发剂一般是液态或膏状，无须与双氧混合，染后能令头发保持4～6周的染色效果。非持久性染发剂能从头发的表皮层渗入至皮质层，但其中只有微量能与头发中的色素粒子结合，所以不会改变头发的基本结构。洗发4～6次以后，颜色就开始逐渐消退。非持久性染发剂很受追求时尚个性的年轻顾客喜爱。

非持久性染发剂的优点：视觉上颜色很自然，不会因褪色而沾染衣物，比临时性染发剂更持久、色调更浓，不会使发质受损或降低光泽度。

非持久性染发剂的缺点：一般情况下只能加深发色，使色素重叠，较易产生色调不均匀。

（3）持久性染发剂。持久性染发剂分为膏状与液态，需要与氧化剂调配使用，一般不会褪色，可用于遮盖白发和改变头发的色度及色调，使其能与肤色搭配，更加柔和亮丽。持久性染发剂分为植物型、金属型和渗透型。植物型：染料是从植物的叶子或根茎中提炼并加工而成的。植物中本身具有持久性染发剂的成分。金属型：染发剂中含铝离子、铜离子、银离子，含铝离子的呈紫色，含铜离子的呈红色，含银离子的呈绿色。这些金属离子成分会在头发的表皮层形成一种薄膜。染发时颜色会极其缓慢地进入头发内部，染后颜色不易褪去。由于金属离子成分停留在发丝上，经过加热等处理会变形，出现再次染发不上色的现象。如果是在染后再烫发，会导致头发颜色变红，而且变得粗糙、易断。渗透型：染发剂能够渗透到头发的皮质层中，通过氧化作用与原来的色素粒子相结合，使发色更加自然。

持久性染发剂的优点：色泽自然、不易褪色，颜色会均匀地分布于头发的皮质层，与自然发色较好地融合。

二、美发用品检查与鉴别方法

1.美发用品的检查方法

目前专业用品市场上出售的美发用品大致可分以下几类：原装进口的高档美发用品，价格较贵；合资企业生产的中高档美发用品；国内生产的大众化美发用品。根据国家有关部门的规定，美发用品的生产厂家对生产的各种美发化学用品必须要注明生产日期、保质期，并应附有使用说明书，否则均属于假冒伪劣产品。美发用品的质量将会直接影响美发店的生意与声誉，更会影响顾客头发及皮肤的健康状况。

对于从业者来讲，掌握识别美发用品质量的方法是尤其重要的，学会正确选用美发用品就不会造成因选用产品不当而导致的失误。

（1）检查包装。鉴别的第一步应该是检查外包装，确认外包装上是否注明品牌、产品名、生产日期、保质期、生产厂名、厂址、厂家标志、单位、批号、标准代号、工业生产许可证（QS）、特殊生产批号等。如果是进口美发用品，还应该有中国出入境检验检疫标志（CIQ），以及中文使用说明书、合格证、代理授权书等。

（2）检查质量。可根据包装上的产品使用说明书或产品（瓶、罐、支、盒）上所标注的有效使用期，检查是否已快到期或已过期。

1）乳液状用品。将瓶子左右倾斜摆动，使乳液流动，观看其上下层的乳液是否有不均匀的现象，是否有脱水或上稀下稠的沉淀现象。

2）粉状用品。观察其粉末是否细腻、有无颗粒、是否结块，色彩是否均匀、是否受潮等。

3）膏状用品。看膏体表面是否有光泽、平滑，有无气孔、异色斑点，软硬程度、色泽是否均匀等。如果已过期，膏体表面会呈现出一层水状物。

4）液体用品。检查时，应观察产品是否透明清澈，颜色是否纯正，晃动瓶子时是否出现絮状沉淀物或杂质。

（3）检查气味。各种美发用品都会有其相应的气味。检查时，主要根据其包装上所注明的香型，辨别气味是否纯正，有无异味等。有些美发用品虽未过期，但如果保存不当、经阳光暴晒等，也会变质而失效。

（4）观察效果。美发用品在第一次使用时，应特别注意观察和体会其使用效果，也可直接用几根真发操作试用。

2. 美发用品的鉴别方法

洗护类美发用品对皮肤一般没有刺激性，但洗发液在头发上停留的时间不宜过长。洗发次数过频、时间过久，会使染发颜色褪掉，对发质也不好。漂、染、烫发用品，即使是检验合格的优质产品，也有可能会使某些人产生过敏反应，这是由于有些人对化学成分十分敏感。美发用品种类很多，以下是几种常用的美发用品的鉴别方法。

（1）洗发用品。鉴别洗发用品时，要看其包装是否膨胀，液体是否均匀、细腻，色泽是否均匀一致，软硬是否适度，香味型号是否与包装、使用说明书一致，是否有不应有的油脂味，洗发时泡沫是否丰富、柔和、细腻，洗后头皮是否舒适，头发是否顺滑光泽等。

（2）发油、发蜡、发乳。发油、发蜡、发乳都不同程度地含有油性。鉴别时要先看其是否在保质期内，再看是否出现了油水分离、出汁、沉淀、脱水等现象。夏季为了防止其变质，应避光存放。

（3）发胶。发胶是液体状美发用品，鉴别时要看是否在保质期内，是否透明清澈、颜色纯正，摇晃瓶子时是否呈絮状，是否有沉淀物和杂质出现。

（4）啫喱水。啫喱水是胶液状固发（定型）用品，使用时应鉴别其黏性是否适中，是否清澈透明，特别要注意保质期。

思考题

1. 请分析不同年龄顾客的心理特点。
2. 简述根据顾客发质条件推荐不同发型涉及的内容。
3. 简述不同头型的发型要求。

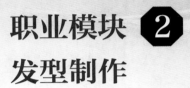

职业模块 ②
发型制作

内容结构图

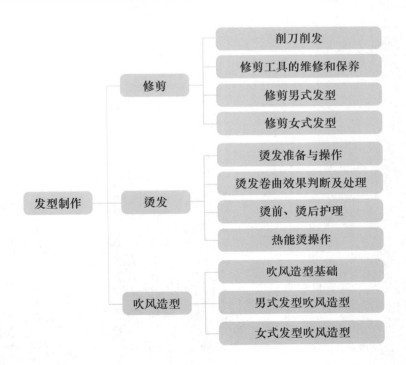

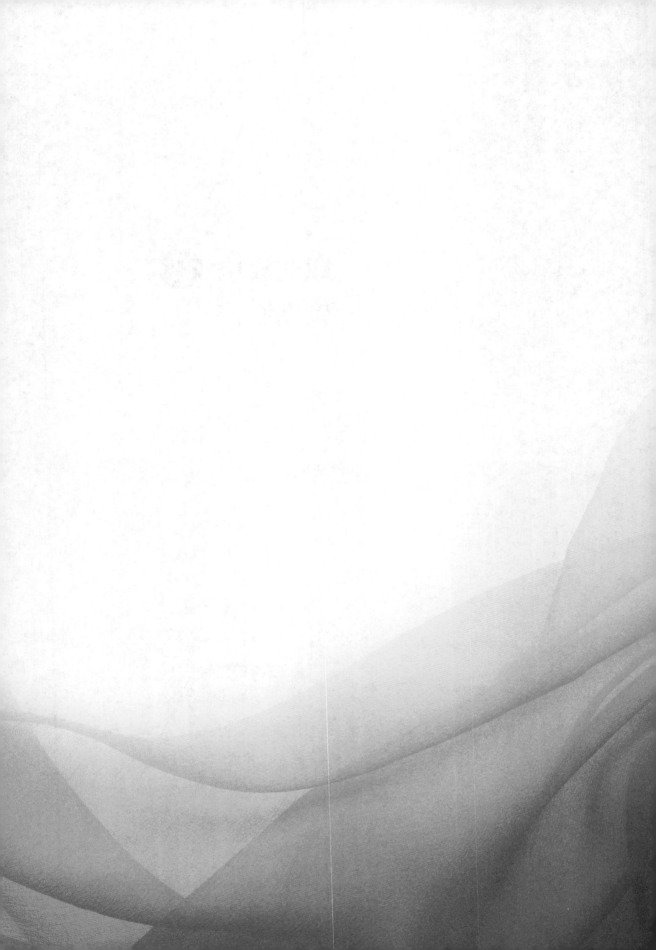

培训项目 1

修剪

培训单元 1　削 刀 削 发

培训重点

了解削刀的种类。

掌握削刀削发的操作技巧。

熟悉削刀削发所产生的效果。

知识要求

削刀削发的适时运用，会使发型更具有动感美。削刀削后的头发轻盈飘逸，甚至卷曲，且发尾呈笔尖形。

一、削刀的种类

削刀大致分为专业削刀和非专业削刀两大类，非专业削刀又分为固定刀刃削刀和一次性刀刃削刀，见表 2-1。

表 2-1　削刀的种类

削刀种类		削刀示意图	特点
专业削刀			由刀身和刀刃两部分组成，一般不可折叠，但也有少数设计成可以折叠的。刀片是可以替换的，不同型号和款式的削刀都有相应配备的刀片供替换使用
非专业削刀	固定刀刃削刀	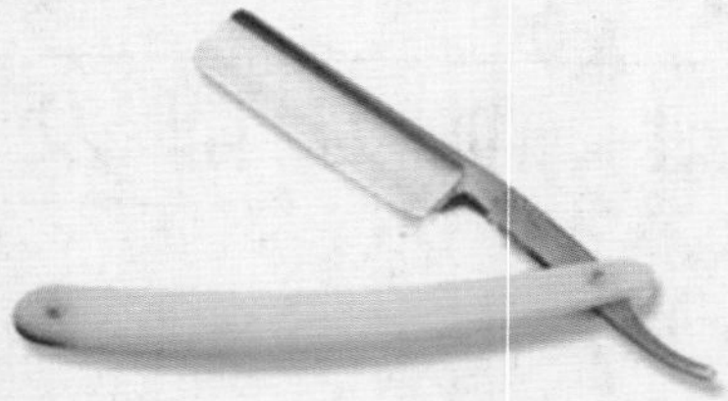	比较传统的刀具，由优质钢材制成，刀刃薄而锋利，既是剃须修面、剃光头的工具，又能削发，起到制造层次和色调的作用
	一次性刀刃削刀	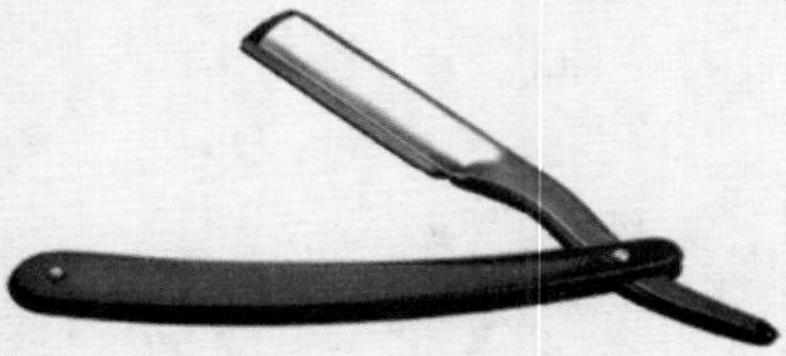	刀刃设计成可替换类型，是一种更新产品，可免去使用中磨刀的麻烦，刀刃不锋利时直接替换新的就可以了，方便快捷

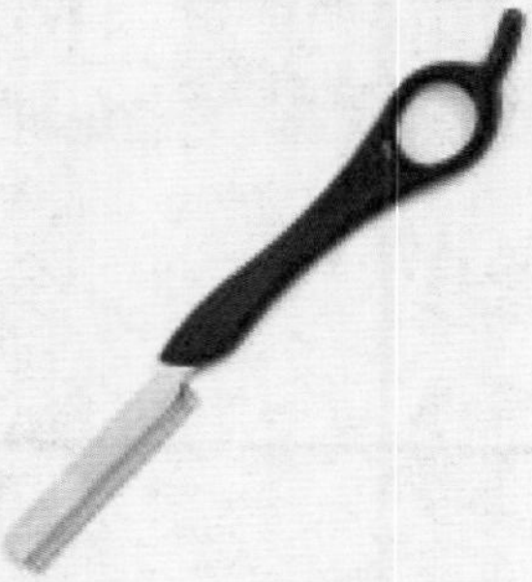

二、削刀的使用

1. 削刀的握法

以食指、拇指为主，其余手指配合握住削刀，操作时着力点在食指和拇指上，如图 2-1 所示。用削刀削发时，主要靠手腕摆动来控制。削刀操作的技巧变化主要表现在角度、位置，以及刀刃和头发接触面的大小、多少等方面，要注意着力点的配合。

2. 削发技巧

用削刀削发时，用手指夹住一股（片）头发，削刀沿着发片滑动，把头发削下，如图 2-2 所示。

（1）削刀与头发的角度。削刀与被削头发之间的夹角应为 15°~90°，可根据不同的效果来变换角度。

（2）削刀的位置。削发时，削刀距离发根不少于 3 cm。削长发时，削刀距离发根应为头发全长的 2/3。

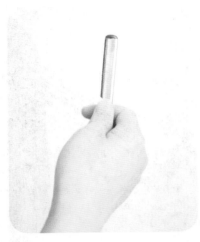

图 2-1　削刀的握法

图 2-2　削发

（3）削刀滑动的幅度。削刀滑动的幅度决定削去头发的多少和层次的高低。削刀滑动幅度大，削去的头发多，层次就高；削刀滑动幅度小，削去的头发少，层次就低。

（4）手的力度。手指夹住头发时，要保持一定张力，头发不宜拉得过紧或过松，削发时手腕用力要恰当。

三、削刀技法

1. 断削刀法

如图 2-3 所示，一手持发片，一手持削刀，以两手合拢之力切断发片，也可以一手将发片推向或拉向刀刃，这样则更容易切断发片。运用断削刀法削发的发尾切口齐整，且能保持发尾的发量。

2. 斜削刀法

斜削的目的是制造层次及减少发量，是最常用的一种削刀技法，能使发丝呈现轻巧、细腻、柔软的效果。

（1）内斜削法。对每片头发进行自下而上的斜削（见图 2-4），使头发自下而上渐长，上层富有悬垂力，下层具有挺括力。上下力的作用使一束束发片产生弯曲。在每个纵向区内，既有重叠感，又有丰隆感。

（2）外斜削法。对每片头发进行自上而下的斜削（见图 2-5），使头发自上而下渐长。多层如此重叠，会产生平滑、飘逸、动态的效果。

（3）内外斜削法。对同一发片进行自上而下和自下而上两次斜削（见图 2-6），

图2-3　断削刀法

图2-4　内斜削法

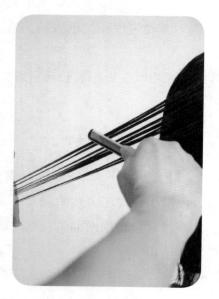

图2-5　外斜削法

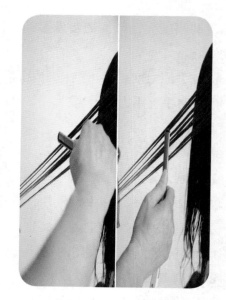

图2-6　内外斜削法

会使发片上下层短、中间层渐长，兼有内斜削法和外斜削法两者的效果，发丝丰隆，发尾自由动态。

（4）侧斜削法。自发片侧面进行斜削（见图2-7），既保持了头发的发量，又使发尾有鲜明的方向感。

3. 外削刀法

用削刀直接削头发的外表面（见图2-8），其目的是使发尾向外弯曲。

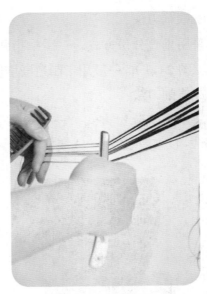

图 2-7　侧斜削法　　　　　　　　　图 2-8　外削刀法

4. 点削刀法

用刀尖点削头发（见图 2-9），做局部调整处理，使发型层次更为通透自然。

5. 滚削刀法

一手拿梳子，另一手拿削刀，边梳边削（见图 2-10），一般用于后颈处的头发，其目的是制造碎尾效果，使后颈部发尾剪切线呈丝缕状。

图 2-9　点削刀法　　　　　　　　　图 2-10　滚削刀法

6. 砍削刀法

采用垂直分份方式，一手中指和食指夹住发片，另一手持削刀向下将发束切断（见图2-11），一般用于制造渐增层次效果。

7. 拔削刀法

采用垂直分份方式，一手中指和食指夹住发片，另一手持削刀将发尾刮断（见图2-12），一般用于连接层次。

图2-11　砍削刀法

图2-12　拔削刀法

8. 拧削刀法

将发束拧成一股再削发（见图2-13），其目的是使头发层次自然并制造出参差不齐的效果，一般用于卷发。

9. 上平削法

由每片头发的上层向下层平行削下（见图2-14），形成自上而下渐长的层次。多层如此重叠，会产生平滑、飘逸、动态的效果。

10. 下平削法

由每片头发的下层向上层平行削下（见图2-15），形成自下而上渐长的层次，会产生平滑、飘逸、动态的效果。

图 2-13　拧削刀法

图 2-14　上平削法

图 2-15　下平削法

四、削刀的维护保养

削刀每次使用前都应使用 75% 酒精消毒。削刀每次使用后都要擦干净。固定刀刃削刀不锋利时，可在磨刀石上研磨。刀刃由两面组成，面积较大的一面称为"阳口"，另一面面积较小，犹如一条线，称为"阴口"。在磨刀时，应注意多磨"阳口"，少磨"阴口"，其比例一般为 7∶1，即"阳口"磨 7 下，"阴口"磨 1 下，这是参考数字，实践中要灵活运用。

培训单元 2　修剪工具的维护和保养

培训重点

熟悉修剪工具的维护和保养方法。

能够对修剪工具进行维护和保养。

知识要求

一、剪刀、牙剪的维护和保养

剪刀、牙剪（也称打薄剪）要正确使用，不要去剪头发以外的其他东西。剪刀、牙剪使用时要避免掉落、碰撞，如果不小心掉落、碰撞应立即检查。同时，要选择较好的剪刀包保护剪刀。剪刀、牙剪要根据剪切使用状况调整维护保养周期。

1. 常规检查

（1）刀刃。目视（可使用放大镜）检查刀刃是否变形、磨损。使用时，要避免碰摔。必要时，请厂家协助维护。

（2）螺钉。定期检查剪刀的开合状况，调整螺钉。侧拿剪刀，将剪刀静刃打开 90°，然后松开拇指，让静刃自然落下，不要一落到底，指环与消音器距离 1 ~ 2 mm 时调紧螺栓，慢慢闭合。如果开合轻松顺畅就是理想状态。如果太松或太紧，则微调螺钉到最佳位置。

（3）刀刃锋利度。准备一张单层的面巾纸，用水喷湿后摊平，用剪刀将其剪开。如果能轻松顺畅剪开，表示剪刀较锋利（切断表面光滑且不毛糙），若有拔起的现象，则刀刃需要研磨。

2. 擦拭与上油保养

（1）用剪刀擦拭皮从刀背包裹住剪刀，从刃底向刃首方向擦拭，将剪刀上的水分、化学药剂、碎发等全部擦拭干净，同时用中指感受内刃有无刮蹭。触点部位容易积存油脂、头屑等，一定要擦拭干净。平时应尽量闭剪，不暴露触点部位，以免弄脏。

（2）将保护油滴入剪刀结合部（压力螺钉的两刃交点），擦净余油。

（3）干净的擦拭布蘸一点油后，将剪刀仔细擦一遍。这样除了美观外，最主要的是防止锈斑产生，延长剪刀的使用寿命。

二、电推剪的维护和保养

电推剪在出厂前刀片部位已加注了专用润滑油，并调试好了刀片的位置及整机性能。电推剪使用时，会有适度的发热和振动，这些现象不会妨碍电推剪的正常使用，但要注意电推剪连续工作时间以不超过 10 min 为宜。

1. 理发前的空机运转

使用电推剪理发前，要先打开并空机运转一会儿，使刀片内的润滑油充分润滑刀片的接触部位，同时要注意擦去渗出的润滑油，以免其黏附在头发上。

2. 理发时的性能调节

电推剪的额定电压为 220 V。使用时，若电压偏高会发出噪声，此时应逆时针旋转电推剪的调节螺钉，直至噪声消失；若电压偏低则刀片力度和摆幅小，此时应顺时针旋转调节螺钉，直到发生噪声后，再逆时针旋转调节螺钉，直至噪声消失，此时电推剪处于最佳工作状态。

3. 理发后的清洁和保养

电推剪使用完后，要用干净的擦布擦净电推剪的主体，并用小毛刷刷净刀片上的碎发和污物。必须经常在电推剪的刀片处加注润滑油。电推剪必须调整刀片的位置，保持上下刀片的刀尖平齐。

培训单元 3　修剪男式发型

培训重点

了解男式无色调中分发型、无色调时尚发型、有色调三七分发型、有色调奔式发型、有色调毛寸发型、有色调时尚发型、有色调卷发发型的概念。

能够修剪男式无色调中分发型、无色调时尚发型、有色调三七分发型、有色调奔式发型、有色调毛寸发型、有色调时尚发型、有色调卷发发型。

知识要求

一、男式发型的特点

1. 男式无色调中分发型的发式轮廓线以下头发长度递减，头顶头发长度均等，发型头顶中间有头缝。

2. 男式无色调时尚发型的发式轮廓线以下头发长度递减，头顶头发长度均等，发型顶部制造出时尚动感。

3. 男式有色调三七分发型的头顶头发长度一致，发式轮廓线以下的头发呈坡形并产生色调，色调幅度在 4 cm 以上，发型前额有三七分头缝。

4. 男式有色调奔式发型的头顶头发长度相等，发式轮廓线以下的头发呈坡形并产生色调，色调幅度在 4 cm 以上，发型没有头缝。

5. 男式有色调毛寸发型的头顶头发及四周轮廓呈圆弧形，发式轮廓线以下的头发呈坡形并产生色调，色调幅度较长，留发较短。

6. 男式有色调时尚发型的头顶头发长度相等，发式轮廓线以下的头发呈坡形并产生色调，色调幅度在 4 cm 以上。

7. 男式有色调卷发发型制作时，先将头发烫至所需卷度，头顶头发长度相等，发式轮廓线以下的头发呈坡形并产生色调，色调幅度在 4 cm 以上。

二、男式发型修剪的注意事项

1. 质量标准

（1）色调匀称，两边相等。

（2）轮廓齐圆，厚薄均匀。

（3）高低适度，前后相称。

2. 发型结构的衔接

推剪出的色调与顶部头发之间产生发式轮廓线，一般使用挑剪来处理过渡区域，使其自然衔接。操作时，用发梳引导头发，以底部推剪出的色调为导线，缓慢向上呈弧形移动，剪刀贴合梳子进行修剪。

技能要求

男式无色调中分发型的修剪

操作准备

工具：剪刀、牙剪、剪发梳、夹子。

操作步骤

步骤 1　修剪前梳理头发。

步骤 2　修剪发式底部层次。

步骤 3　修剪发式中后部层次。

步骤 4　修剪发式左侧层次。

步骤 5　修剪发式右侧层次。

步骤 6　修剪发式中左侧层次。

步骤 7　修剪发式中右侧层次。

步骤 8　修剪发式顶部层次。

步骤 9　修剪发式刘海层次。

步骤 10　调整发量。

步骤 11　修剪后整理造型。

注意事项

男式无色调时尚发型的修剪与男式无色调中分发型的修剪步骤相同，但需适当调整刘海长度及顶部与四周的衔接。

男式有色调三七分发型的修剪

操作准备

工具：电推剪、剪刀、牙剪、剪发梳。

操作步骤

步骤 1　修剪前梳理头发。

步骤 2　推剪左鬓角色调。

步骤3 推剪左侧色调。

步骤4 推剪底部色调。

步骤5 推剪右侧色调。

步骤6 推剪右鬓角色调。

步骤7 修剪右侧发式轮廓线。

步骤8 修剪后部发式轮廓线。

步骤 9　修剪左侧发式轮廓线。

步骤 10　修剪顶部层次。

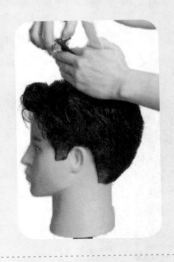

步骤 11　修剪刘海层次。

步骤 12　调整发量。

步骤 13　修剪后整理造型。

注意事项

男式有色调奔式发型的修剪步骤与男式有色调三七分发型的修剪步骤相同，但要注意男式有色调奔式发型的修剪为无缝式，且顶部、刘海及两鬓的衔接要自然。

男式有色调毛寸发型的修剪

操作准备

工具：电推剪、剪刀、牙剪、剪发梳。

操作步骤

步骤1　修剪前梳理头发。

步骤2　推剪左侧色调。

步骤3　推剪底部色调。

步骤4　推剪右侧色调。

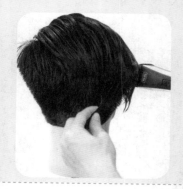

步骤 5　修剪后部层次。

步骤 6　修剪顶部层次。

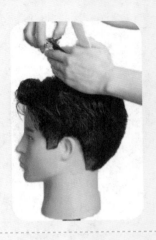

步骤 7　修剪刘海层次。

步骤 8　用牙剪打薄左侧发尾。

步骤 9　用牙剪打薄顶部发尾。

步骤 10　用牙剪打薄右侧发尾。

步骤 11 用牙剪打薄前部发尾。

步骤 12 修剪后整理造型。

男式有色调时尚发型的修剪

操作准备

工具：电推剪、剪刀、牙剪、剪发梳。

操作步骤

步骤 1 修剪前梳理头发。

步骤 2 推剪左侧色调。

步骤 3　推剪底部色调。

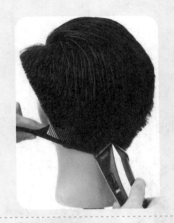

步骤 4　推剪右侧色调。

步骤 5　修剪顶部层次。

步骤 6　修剪刘海层次。

步骤 7　用牙剪调整发量。

步骤 8　修剪后整理造型。

男式有色调卷发发型的修剪

操作准备

工具：电推剪、剪刀、牙剪、剪发梳、夹子。

操作步骤

步骤 1　修剪前梳理头发。

步骤 2　推剪左侧色调。

步骤 3　推剪底部色调。

步骤 4　推剪右侧色调。

步骤 5　修剪两侧发式轮廓线。

步骤 6　修剪后部发式轮廓线。

步骤 7　修剪刘海层次。

步骤 8　用牙剪调整发量。

步骤 9　修剪后整理造型。

培训单元 4　修剪女式发型

培训重点

了解女式中长碎发发型、旋转式短发发型、时尚短发发型、中分短发发型、中长翻翘发型、堆积短发发型的概念。

能够修剪女式中长碎发发型、旋转式短发发型、时尚短发发型、中分短发发型、中长翻翘发型、堆积短发发型。

能够熟练进行分发片及提拉发片操作。

知识要求

一、女式发型的特点

1. 女式短发的特点是干净、清爽、易打理。

2. 女式长发的特点是清纯、妩媚、易造型。

3. 女式中长碎发发型的头发长度由较短的顶部向较长的底部逐渐递增。

4. 女式旋转式短发发型的顶部头发长度相等，发式轮廓线以下头发长度逐渐递减。

5. 女式时尚短发发型的头发层次接近均等，发尾呈参差状。

6. 女式中分短发发型的头发长度由较长的顶部向较短的底部逐渐递减。

7. 女式中长翻翘发型的头发长度由较长的顶部向较短的底部逐渐递减，制造堆积感。

8. 女式堆积短发发型的轮廓四周头发堆积较厚，顶部头发较长。

二、女式发型修剪的注意事项

1. 质量标准

（1）层次调和，长短有序。

（2）厚薄均匀，两侧相等。

（3）轮廓圆润，四周衔接。

2. 提拉角度与层次的关系

（1）零层次结构：发片提拉为 0°。

（2）边沿层次结构：发片提拉为 1°～89°。

（3）均等层次结构：发片提拉为 90°。

（4）渐增层次结构：发片提拉为 91°～180°。

3. 层次混合技巧

（1）低层次结构：零层次结构和边沿层次结构混合。

（2）中高层次结构：边沿层次结构和均等层次结构混合。

（3）高大层次结构：均等层次结构和渐增层次结构混合。

（4）多层次结构：边沿层次结构、均等层次结构、渐增层次结构混合。

女式中长碎发发型的修剪

操作准备

工具：夹子、剪刀、牙剪。

操作步骤

步骤1　修剪前梳理头发。

步骤2　按照发型要求分区。

步骤 3　确定底线，修剪底部分区层次。

步骤 4　修剪中部分区层次。

步骤 5　修剪左侧分区层次。

步骤 6　修剪右侧分区层次。

步骤 7　修剪顶部分区层次。

步骤 8　修剪刘海分区层次。

步骤 9　用牙剪调整整体发量。

步骤 10　修剪后整理造型。

女式旋转式短发发型的修剪

操作准备

工具：夹子、剪刀、牙剪。

操作步骤

步骤 1　修剪前梳理头发。

步骤 2　按照发型要求分区。

步骤 3　修剪底部分区层次。

步骤 4　修剪中部分区层次。

步骤 5　修剪左侧分区层次。

步骤 6　修剪右侧分区层次。

步骤 7　修剪顶部分区层次。

步骤 8　修剪刘海分区层次。

步骤 9　用牙剪调整整体发量。

步骤 10　修剪后整理造型。

注意事项

　　女式时尚短发发型的修剪步骤与女式旋转式短发发型相同，刘海采用由短至长的创意修剪技法完成，发型轮廓线采用点剪及去量的手法达到服帖柔和的效果。

女式中分短发发型的修剪

操作准备

工具：夹子、剪刀、牙剪。

操作步骤

步骤1　修剪前梳理头发。

步骤2　按照发型要求分区。

步骤3　修剪底部分区层次。　　　步骤4　修剪中部分区层次。

步骤 5　修剪左侧分区层次。

步骤 6　修剪右侧分区层次。

步骤 7　修剪顶部分区层次。

步骤 8　修剪刘海分区层次。

步骤 9　用牙剪调整整体发量。

步骤 10　修剪后整理造型。

女式中长翻翘发型的修剪

操作准备

工具：夹子、剪刀、牙剪。

操作步骤

步骤1 修剪前梳理头发。

步骤2 按照发型要求分区。

步骤3 从后部两个分区中分出底部头发，确定底线，修剪底部层次。

步骤 4　从后部两个分区中分出中部头发，修剪中部层次。

步骤 5　修剪顶部层次。

步骤 6　修剪左侧层次。

步骤 7　修剪右侧层次。

步骤 8　修剪刘海层次。

步骤 9　用牙剪调整整体发量。

步骤 10　修剪后整理造型。

女式堆积短发发型的修剪

操作准备

工具：夹子、剪刀、牙剪。

操作步骤

步骤 1　修剪前梳理头发。

步骤 2　按照发型要求分区。

步骤 3　从后部两个分区中分出底部头发，确定底线，修剪底部头发层次。

步骤 4　从后部两个分区中分出中部头发，修剪中部头发层次。

步骤5 修剪右侧、右后、顶部头发层次。

步骤6 修剪左侧、左后、顶部头发层次。

步骤 7　修剪后整理造型。

培训项目 **2**

烫发

培训单元 1　烫发准备与操作

了解不同发质的特点。
熟悉不同烫发剂的适应性。
能够进行各种卷杠模式的排列。

一、烫发前的发质特性鉴定

头发具有不同的发质特性，在烫发前要了解顾客的发质特性，以便制作更好的发型。

1. 油性发质

由于油脂分泌较多，油性头发无论是在视觉上还是在触觉上都很油腻，并伴有许多头皮屑。

2. 干性发质

头发由于自然油脂和水分不足，在视觉上光泽度不强，触摸时有粗糙感。

3. 中性发质

中性发质原本质地较好，头发健康，视觉上柔滑光亮，触摸时有柔顺感。

4. 受损发质

头发受损的原因有很多种，主要是由外因引起的。头发表面缺少光泽，发尾部分开叉、呈枯黄色，触摸时有明显粗糙感，梳理时易折断。

二、烫发用品选择

1. 烫发剂

（1）烫发剂的效果。各种 pH 值的烫发剂对头发产生的效果不同。

1）pH 值为 9 以上的第一代烫发剂。第一代烫发剂属于碱性烫发剂，能够很快打开毛鳞片，穿透力强。碱性烫发剂适合比较粗硬或不易卷曲发质的头发。

2）pH 值为 7～8 的第二代烫发剂。第二代烫发剂属于微碱性烫发剂，较第一代烫发剂碱性较弱，使用时烫卷时间短、温度低（接近常温），可以保护头发色泽和弹性。微碱性烫发剂的酸碱比例适中，适合正常发质。

3）pH 值为 6 以下的第三代烫发剂。第三代烫发剂属于酸性烫发剂，其 pH 值与健康头发和皮肤的 pH 值接近，因此这类烫发剂可以在基本维护头发健康的基础上完成持久性烫卷的效果。酸性烫发剂适合较细软和受损的发质，可以增加头发的弹性。

由此可见，发质与烫发剂是密切相关的，应该根据不同发质选择适合的烫发剂。

（2）烫发剂使用后产生问题的原因。烫发剂的作用是使头发柔软、弯曲。头发本身几乎是由蛋白质构成的，它含有不同的氨基酸，而其不同的氨基酸又形成了多肽链。多肽链使头发具有弹性和伸缩性，并保持其天然形状。烫发剂使这种形状改变，也就是烫发剂使头发的外表膜扩张，并渗入表皮使内部结构重新排列，按照卷曲的形状固定下来。这种化学反应需要时间。

1）烫发剂的浓度。如果烫发剂浓度与发质、发式要求不符，会影响烫发效果或使波纹弹性不足，甚至使头发被烫毛。

2）烫发剂停放时间。如果烫发剂停放时间过短，化学反应不充分，烫发效果就会受到影响，造成波纹弹性不足；停放时间过长，会使头发过于卷曲，影响烫发效果，甚至使头发受损、变毛、干枯。

2. 中和剂

在烫发过程中，要把烫发剂作用后柔软、弯曲的头发状态加以固定，这个过程称为定型，要使用中和剂。中和剂通常采用溴酸钠、过氧化氢等。在定型过程中，如果中和剂停放时间不充分，即使头发已经烫卷，也是不稳定的，很容易消失卷度；如果中和剂停放时间太长，头发就会过卷、颜色淡化，甚至还会发质受损。

在使用中和剂前，先用毛巾吸去头发上多余的水分，否则会影响中和剂的定型效果。中和剂必须均匀地涂抹在每一个发卷上，避免滴在头皮上、脸上和衣服上。中和剂停放时间长短要根据其成分而定。

含过氧化氢的中和剂停放时间不得超过 8 min，如时间太长会导致头发干燥、脱色。含溴酸钠的中和剂停放时间为 10 min 左右。

三、烫发的效果

1. 重复的效果

使用相同的卷杠（形状和直径相同）可以产生相同的纹理，有重复的效果，如图 2-16 所示。

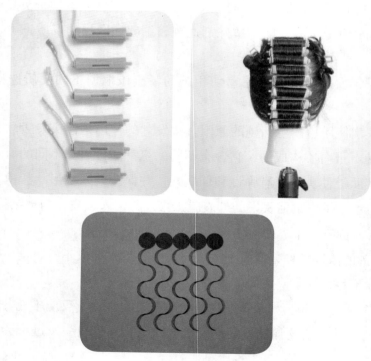

图 2-16　重复的效果

2. 对比的效果

在选定的区域内使用卷杠卷发，其他区域不进行烫发处理，这样可以产生强烈的对比效果，如图 2-17 所示。

图 2-17　对比的效果

四、卷杠排列模式

1. 椭圆模式

椭圆模式是指采用凹线条与凸线条排列卷杠，可产生波浪效果，如图 2-18 所示。

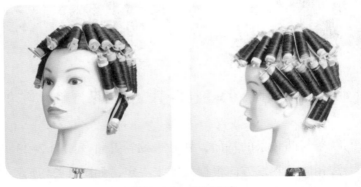

图 2-18　椭圆模式

（1）以卷杠的长度为基准，在头顶区进行卷杠，如图2-19所示。

（2）以卷杠长度为基准在头顶区以45°划分基面，提拉角度为90°拉直头发，如图2-20所示。

图2-19　卷第一根杠　　　　　　　　图2-20　卷杠时头发提拉角度

（3）头顶区采用凹线条与凸线条完成卷杠，保持用力均匀，如图2-21所示。

图2-21　凹线条与凸线条卷杠

（4）保持45°倾斜基面，将卷杠向下卷动，保持用力均匀，如图2-22所示。

（5）保持凹线条与凸线条的基面，划分一致卷鬓角，如图2-23所示。

（6）后区卷法相同，卷发方向根据发型来决定，如图2-24所示。

图 2-22　卷倾斜基面效果

图 2-23　卷鬓角

图 2-24　卷后区

2. 砌砖模式

砌砖模式是指采用"一加二"方法排列卷杠，使卷杠错落有致、紧密相连、不留间隙，可使烫发的造型饱满，如图 2-25 所示。

图 2-25　砌砖模式

（1）以卷杠为基准，在顶部分出一个基面卷杠，如图2-26所示。

图2-26 卷第一个卷杠

（2）以卷杠长度为基准在头顶区使用"一加二"卷法，提拉角度为90°拉直头发卷杠，如图2-27所示。

侧面卷杠　　　　　　　　　　顶部卷杠

图2-27 "一加二"卷法

（3）卷杠时头发保持提拉角度为90°拉直，注意用力要均匀，如图2-28所示。

图2-28 卷杠时头发角度

（4）卷发方向根据发型流向来决定，由前向后卷杠，如图 2-29 所示。

图 2-29　卷左、右后侧头发

（5）后部头型变化较大，头发要注意保持 90°的提拉角度，如图 2-30 所示。

图 2-30　卷后部的角度

（6）后颈部（底部）卷杠较困难，要注意保持提拉角度，如图 2-31 所示。

图 2-31　后颈部（底部）卷杠

五、卷烫方法

1. 螺旋烫

螺旋烫适用于长发，烫后头发呈螺旋状，从发根到发尾产生相同的卷曲度。操作方法是将头发分成小束，从发根开始沿着螺旋凹面缠绕头发，发尾用烫发纸包好固定在发卷上，如图2-32所示。刘海处不需要使用螺旋烫，使用普通卷杠即可。

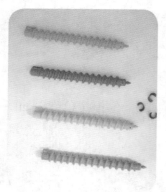

图2-32　螺旋烫

2. 万能烫

万能烫的卷杠是用胶皮和铁丝制成的，卷杠可以随意弯曲，柔软轻便，烫后头发有弹性且光泽，发型效果较为时尚、潮流。操作方法和普通卷杠卷发一样，卷发后把卷杠两头向上弯曲即可，如图2-33所示。

图2-33　万能烫

3. 加能烫

加能烫的卷杠是由塑料制成的，比普通的卷杠要长。烫后头发的发卷蓬松、有弹性、柔和，发丝时尚自然，发束可根据设计要求任意扭、拧，体现创意，如图 2-34 所示。

图 2-34　加能烫

4. 喇叭烫

喇叭烫使用一种形似喇叭状的一头大一头小的卷杠，主要目的是把头发烫成大小不同的卷，烫后发型时尚自然，如图 2-35 所示。

图 2-35　喇叭烫

5. 定位烫

定位烫可以增加发根的张力、弹性，以烫发根为主。按发式流向，挑出一块三角形发区，将头发垂直拎起，使发根直立，从发尾开始卷杠，卷至发根 2 cm处，使发根立起，再用扁形塑料夹固定发卷，如图 2-36 所示。

图 2-36　定位烫

6. 麦穗烫

　　麦穗烫又称发辫烫，适用于长发。先将头发编成发辫，然后用锡纸固定发辫，后续操作同普通烫发，如图 2-37 所示。烫后的发卷松软、有弹性、柔和，发型时尚自然，可随意造型。

图 2-37　麦穗烫

7. 夹板烫

　　夹板烫是指用电夹板夹出顺直服帖的直发，如图 2-38 所示。

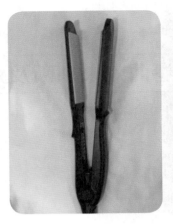

图 2-38　夹板烫

六、烫发纸的使用

烫发纸应选用透水性好的薄绵纸，它有一定的韧性。烫发纸一般用于包住发尾，然后再卷绕头发，如图 2-39 所示。在卷杠时，不能用塑料纸代替烫发纸。

图 2-39　烫发纸的使用

七、烫发的质量标准

依据发型要求，采用相应的卷烫方法，并排列出相应的形状，以达到良好的卷曲效果。选择适合发质的烫发剂、烫发时间及温度，烫出花纹柔软、富有光泽和弹性的发型。

培训单元 2 烫发卷曲效果判断及处理

熟悉试卷的操作要点。
能够对未达要求的卷发采取补救措施。

一、试卷的操作要点

1.选择试卷区域，选定试卷的卷杠（一般选择后颈部进行拆卷，因为后颈部是理想试卷区，不影响整体效果）。

2.打开橡皮筋，拆开试卷的卷杠，如图2-40所示。

3.让卷杠上的头发呈自然状态，检查卷曲效果，如图2-41所示。注意不要用力拉头发。

4.卷曲度与卷杠直径和形状相符，说明已经达到预期效果。

图2-40 拆开试卷的卷杠

图2-41 检查卷曲效果

二、烫发卷曲效果不理想的原因

1. 不够卷曲

（1）烫发剂用量不足。

（2）选择卷杠过粗。

（3）烫发时间不足。

（4）烫发分份过宽、过多。

2. 过度卷曲

（1）烫发剂过量。

（2）选杠过细。

（3）烫发时间过长。

三、避免烫发出现问题的措施

1. 避免烫发时损伤头皮

（1）烫发前，要问清顾客是否有皮肤过敏反应，或者在烫发前用烫发剂涂在顾客耳后或手背上进行过敏反应测试（保留一定时间后如无红肿现象，表示不过敏，可烫发）。

（2）洗发时不要用指甲抓挠头皮，抓搓头发时不要用力过重。

（3）卷杠时对发片的拉力要均匀，发片卷在卷杠上不能过紧。

（4）涂抹烫发剂前，要用毛巾或棉条围好四周并塞紧，避免烫发剂流淌到皮肤上和头皮上。

（5）需要加热时，要时刻注意观察顾客的反应，询问其受热的程度，避免过热造成头皮起泡。

2. 避免发根有皮筋勒痕

烫发卷杠时，在鬓角和前额的上部常由于皮筋扎得过紧而造成发根上留有勒痕。这道勒痕至少 1 个月左右才能逐渐消失，影响了发式的效果。为了避免这种情况，在卷杠操作时，可采用一种变形橡皮带卷杠，或采用竹签（棉签、塑料片也可）插在皮筋与头发之间把一排卷杠依次连接起来，这样能使皮筋的拉力不作用在发根上，有效避免皮筋勒痕。

3. 试卷后发现卷发效果未达要求的补救方法

（1）增加时间，对烫发剂的作用时间进行计时（见图 2-42），让烫发剂化学反应充分，以达到卷发效果要求。

（2）增加温度让烫发剂化学反应充分，以达到卷发效果要求，如图2-43所示。

图2-42 计时

图2-43 加热

（3）增加烫发剂用量，使其化学反应充分，以达到卷发效果要求，如图2-44所示。要特别注意做好增加烫发剂用量时的防护工作，如图2-45所示。

图2-44 涂抹烫发剂

图2-45 防护工作

四、烫发中经常出现问题的解决方法

1. 角度问题

正确提拉头发的角度，采用90°提拉法（见图2-46），即均匀提起发片使之与头皮成90°进行卷杠，可使头发弹性均匀、线条流畅、纹理有方向感。

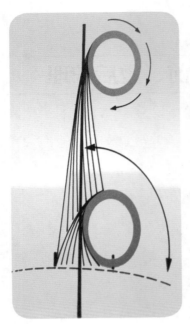

图 2-46　90°提拉法

2. 基面问题

烫发基面由卷杠的长度和直径决定,如图 2-47 所示。正确处理烫发基面,可使头发弹性均匀、线条流畅、纹理有方向感。

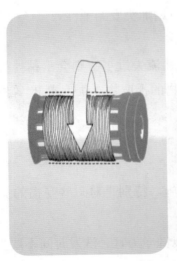

图 2-47　烫发基面

培训单元 3 烫前、烫后护理

了解烫前、烫后护理的作用。
掌握烫前、烫后护理的方法。

一、头发护理的作用

即使是健康的头发，过多的染发、烫发、风吹日晒、游泳等，也会造成发尾逐渐多孔、干燥、变黄。因此，要想使头发恢复弹性，使头发紧密柔亮，就必须对头发加以护理。烫前、烫后更加要注意头发的护理。

1. 增强头发的弹性

许多护发用品中含有多种活性蛋白，可以增加头发的弹性。

2. 增加头发的保湿性

头发必须要有一定水分，如其水分挥发、流失过多，则会干枯、失色、没有弹性。护发用品中的一些保湿因子是由动植物的提取物、维生素 B_5 等组成的，它能使干燥的头发柔润且有弹性。

二、烫前的护理方法

在烫发之前要对头发采取必要的保护措施。特别是对一些受损的头发，更要注意烫前的护理。

1. 洗发时使用酸性或中性的洗发用品，以洗净为宜，洗发时间不要太长。

2. 抓洗时以指腹为主，不能用指甲用力抓头发及头皮，避免头发及头皮受损。

3. 烫前护理用品要涂抹均匀、充分，并按规定停放一定时间。

三、烫后的护理方法

头发烫后护理也非常重要，因为烫发剂对头发或多或少都会造成一定的损伤。

1.使用弱酸性的洗发用品，彻底清洗干净烫发剂。尽量不要抓擦头发及头皮，应抚揉头发及头皮，并冲洗干净。

2.洗发后，用护发用品进行护理。

3.烫发后，每隔 1 个月进行一次修护护理，以免发尾干枯开叉。

培训单元 4　　热能烫操作

了解热能烫的工具和设备。
掌握热能烫的操作技能。

热能烫有陶瓷烫、数码烫等。热能烫发机和热能杠如图 2-48 所示。热能烫烫出的头发弹性好，自然光泽，发型持久且梳理方便。热能烫是目前比较时尚的烫发方法。

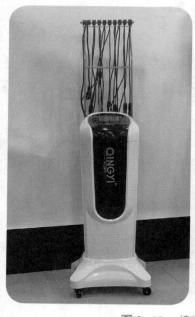
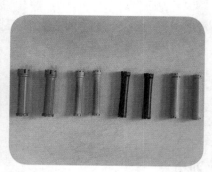

图 2-48　热能烫发机和热能杠

技能要求

热　能　烫

操作准备

1. 工具和设备

准备毛巾 1 条、热能烫发机 1 台、热能杠 1 套（包括配套用品，如专用烫发纸、隔热垫、耐热皮筋）、尖尾梳 1 把、保鲜膜 1 卷、热能烫专用烫发用品 1 套（包括烫发剂、中和剂、润发霜）、隔热防护垫肩 1 个、喷壶 1 个。

2. 烫前处理

（1）用洗发水洗发（单洗）。

（2）头发吹至八成干。

操作步骤

步骤 1　软化处理

（1）由下往上分发片涂抹烫发剂。烫发剂涂抹应尽量均匀，并使其彻底被头发吸收。

（2）烫发剂只需涂抹到需烫卷头发上移 2 cm 的部位。

（3）健康发质只需用烫发剂直接涂抹。受损发质根据其头发受损程度，在烫发剂中适量添加润发霜（注意搅拌均匀后使用）。受损头发在涂抹过程中应先将烫发剂涂抹在发中健康部位，然后将添加润发霜的烫发剂涂抹在发尾受损部位。

（4）在涂抹烫发剂过程中，应尽量迅速、均匀。

（5）上好烫发剂后，用保鲜膜包住头发进行加热。

（6）根据发质健康程度，加热时间为 15 ~ 20 min，每隔 5 min 测试一次。测试时取一小撮头发进行拉伸测试，能够拉出头发长度的 1/2，放松后呈波纹状（S形小波纹）则为比较好的软化效果。软化效果直接影响烫后效果。

（7）软化完成后，用温水顺着发丝向下冲洗头发，无须任何洗发、护发用品。

步骤 2　上卷处理

（1）烫发剂冲洗干净后，用毛巾将头发上多余的水分吸掉（注意不要揉搓头发，只能采取挤压的方法），将头发吹至六成干。

（2）卷杠前，应将少量润发霜均匀涂抹在头发上，发尾受损部分应着重加量涂抹，然后用宽齿梳将头发梳顺。

（3）头发分为左侧区、右侧区、顶区、后区四个区域后进行卷杠（用尖尾梳配合）。

（4）按设计要求及发量排列卷杠，衔接均匀连贯。

（5）应选择热能烫专用烫发纸及耐热皮筋固定。

（6）隔热垫应放在热能杠一端，不要紧靠头皮。

（7）为防止过热烫伤，应使用隔热防护垫肩。

（8）提前预热热能烫发机。

（9）将热能杠与电线连接，并检查连接牢固状况。

（10）将电线一端连接到热能烫发机接口端（注意要将手擦干以后操作，防止漏电）。

（11）根据不同的发质状况，在热能烫发机上选择不同的加热时间和相应温度。

（12）热能烫发机工作运行时，应有专人照看，保证安全，并定时用手将热能杠上发片拨开一些缝隙，以便热气散发出去。

（13）热能烫发机作用时间结束，关掉电源，将电线从机器上拔掉。

（14）自然冷却 5 ~ 10 min，将热能杠上的电线拔掉。注意动作要轻柔，以防损伤顾客头发及电线设备。

（15）用喷壶将中和剂均匀地喷洒在头发上，需要时可进行二次涂抹。

（16）中和剂作用时间到，按头发缠绕方向拆除热能杠，注意不要拆散发卷。

（17）冲水时，注意要用手托住头发。先用温水冲净中和剂，再用少量润发霜均匀涂抹在发干、发尾部位，最后用温水冲净。

步骤3 造型处理

（1）用干毛巾将头发吸干，注意不要揉搓头发。

（2）取少量润发霜均匀地涂抹在发尾及发干部位。

（3）吹风机配合风罩使用，将头发烫卷部分技巧性地托起，先用热风后用冷风交替烘干并整理造型。

注意事项

1. 如果软化判断失误，会影响头发的弹性和卷度。为避免这种现象出现，热能烫软化过程必须严格按热能烫操作规程进行。

2. 热能烫中和剂要涂抹充分和均匀。

3. 孕妇及头皮受伤者不能进行热能烫。

4. 烫后72 h内不能用密齿梳梳头发，烫后2～3天内尽量不要洗发。

5. 热能杠不能用水直接清洗。

培训项目 ③

吹风造型

培训单元 1　吹风造型基础

培训重点

了解固（饰）发用品的特性。

能够正确使用固（饰）发用品。

熟悉不同吹风机的性能。

了解梳理工具的使用技巧。

能够配合使用梳理工具和吹风机。

知识要求

吹风造型实际上是以"理"为主，其目的是整理线条、块面使其顺畅、统一，调理线条的弹性、流向和弧度，修饰轮廓的松紧、高低、虚实和头发的流向。

吹风造型可以改变发型的轮廓和风格、改变头发的流向、调整发量，弥补脸型和头型的不足。

一、固（饰）发用品

1. 发油

发油呈液体状，无色无味，能增加头发的油性和光泽。发油适用于干性、中性及受损发质。发油一般在吹风后涂抹于头发表面或受损部位。发油涂抹时不要用力按压，以免造成发型塌陷。

2. 发胶

发胶是带有黏性的液体产品，对发型具有较强的定型作用。发胶在传统发型制作时广泛使用，喷洒完后需要烘干才能定型。发胶喷洒时，应与头发保持一定距离，避免气压将头发吹散。

3. 发蜡

发蜡是固体状的带有黏性的产品，对发型具有定型和调整纹理的作用。一般在吹风后，用手蘸取少量发蜡，根据要求灵活造型。发蜡应使用手指蘸取适量进行造型，避免大面积涂抹。

4. 啫喱

啫喱是膏状的透明浓稠液体，对发型具有定型和保湿的作用。啫喱一般在烫后的湿发上使用，均匀涂抹于卷曲部位。啫喱涂抹重点在于发尾及卷曲部分。

5. 摩丝

摩丝是泡沫状的带有轻微黏性的造型产品，具有保湿和轻微定型的作用。摩丝使用时，一般不直接涂抹于头发上，而是涂抹于发梳上梳至所需造型的部位。摩丝在干、湿发上均可使用，要避免涂抹于发根，以免造成发型塌陷。

二、吹风机

1. 吹风机的类型

（1）有声吹风机（大功率吹风机）。有声吹风机是吹风造型的主要工具，具有热量高、风量大的特点。有声吹风机风力较大，易于吹干头发和吹风造型。有声吹风机适合吹较粗硬的头发，但噪声较大。

（2）无声吹风机（小功率吹风机）。无声吹风机是发型定型的主要工具，具有热量小而集中的特点，主要用于造型后期的定型，风力较小、温度高，易对发型进行快速定型，且不会破坏已吹好的造型，更适合吹细软的头发。无声吹风机采用感应式电动机，噪声小，一般功率为 450 ～ 500 W。

（3）大吹风机（烘发机）。大吹风机主要用于加热烘干，具有风力大、温度可调控的特点，能够快速均匀地加热烘干整个头部的头发，一般用于造型的初期阶段。

2.吹风机的使用技巧

（1）吹风角度。一般吹风机的出风口不能对着头发直接吹风，而应将吹风机倾斜着，使出风口与头发成 45° 左右。

（2）吹风位置。吹风位置正确与否，直接影响发型的高度、弧度和流向。

（3）吹风时间。应根据发型及发质来确定吹风时间。注意不能将出风口对着一处长时间吹风，以免将头发吹焦。

3.吹风机的安全使用及维护保养

（1）吹风机不使用时，应置于干燥处妥善保存，防止受潮。

（2）吹风机电源线有损坏时，应停止使用，并及时修理或更换。

（3）不要阻塞吹风机的入风口和出风口，应定时清理入风口的网罩。

三、梳理工具

1.梳理工具的类别

（1）排骨刷。用排骨刷造型后，发型具有发丝纹路粗犷、动感强的特点。排骨刷适用于短发及前额刘海的吹风造型。

1）别法。梳齿面向头发，将发根处的头发向造型方向反向提拉，使其具有弧度和高度。

2）翻法。梳齿面向头发，运用手指转动将头发做 180° 翻转，使头发产生弧度。

（2）滚刷。用滚刷造型后，头发富有弹性和光泽。滚刷适用于中长发和长发的吹风造型。

1）拉法。梳齿面向头发，自发根处带起头发梳向发尾，吹风机随之送风，使头发平直光亮。

2）旋转法。用梳齿带动头发做 360° 旋转，吹风机随之送风，使头发产生卷曲和弹性。

（3）九行刷。用九行刷造型后，发丝纹路细腻柔和。九行刷一般在吹风造型后期用于整理头发。梳齿面向头发，根据发型要求梳理头发，使发丝纹路连贯服帖。

（4）钢丝刷。钢丝刷能使梳刷后的头发发丝清晰亮丽，适用于梳理波浪式发型及束发造型。梳齿面向头发，根据发型要求梳理头发，使发丝纹路连贯服帖。

2. 梳理工具的使用技巧

（1）角度。梳刷带起头发的角度大小可决定发型的蓬松度。

（2）力度。双手使用梳刷的力度要均匀，避免发型高低不等，弧度大小不同。

（3）发量。吹风造型时，梳刷每次所带起的发量要均等，使发片受热均匀，避免发量过多造成吹风不透，导致发型塌陷。

（4）弧度。梳刷带起头发的弧度要适中，并且要有缓慢过渡，以免造成不协调。

培训单元 2　男式发型吹风造型

　　了解男式无色调中分发型、无色调时尚发型、低色调有缝发型、高色调时尚发型、有色调卷发发型吹风造型的要求和质量标准。

　　能够对男式无色调中分发型、无色调时尚发型、低色调有缝发型、高色调时尚发型、有色调卷发发型进行吹风造型。

一、男式发型吹风造型的要求

1. 男式无色调中分发型

中分头缝无须刻意去分，眼睛向前平视时将整个头发向后梳理自然会出现中分头缝。头缝的长度不宜过长，最佳长度为不超过耳点连线。造型高度依发型而定，外轮廓弧度较圆润，流向顺畅自然。

2. 男式无色调时尚发型

头缝的长度不宜过长，最佳长度为不超过耳点连线。造型高度依发型而定，外轮廓弧度较圆润，流向顺畅自然。

3. 男式低色调有缝发型

眼睛向前平视时，根据不同的分法在头部找到合适的位置进行分缝。头缝的长度不宜过长，最佳长度为不超过耳点连线。造型高度依发型而定，外轮廓弧度较圆润，流向顺畅自然。

4. 男式高色调时尚发型

造型高度在刘海部分，流向是向另外一侧的，外轮廓弧度较圆润，后半截较低、较小并有明显的前冲感，前冲幅度至鼻尖垂直线为佳，两个前额必须吹出轮廓。

5. 男式有色调卷发发型

造型高度在刘海处，外轮廓弧度较圆润，流向向后并呈 S 形，两个前额必须吹出轮廓。

二、男式发型吹风造型的质量标准

1. 轮廓齐圆，饱满自然。

2. 头缝明显、整齐，纹理清晰。

3. 四周平伏，顶部有弧度。

4. 头发不焦，发型持久。

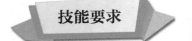

技能要求

男式无色调中分发型的吹风造型

操作准备

工具和设备：吹风机、梳刷。

操作步骤

步骤 1 造型前整理头发。	步骤 2 吹底部头发。

步骤 3　吹中部头发。

步骤 4　吹左侧头发。

步骤 5　吹右侧头发。

步骤 6　吹顶部头发。

步骤 7　吹前额部头发。

步骤 8　修饰定型，完成吹风造型。

注意事项

男式无色调时尚发型的吹风造型
步骤与男式无色调中分发型相同，注意
头缝和纹理流向，制造时尚感。

男式低色调有缝发型的吹风造型

操作准备

工具和设备：吹风机、梳刷。

操作步骤

步骤 1　造型前整理头发。

步骤 2　吹底部头发。

步骤 3　吹中部头发。

步骤 4　吹左侧头发。

步骤 5　吹右侧头发。

步骤 6　吹顶部头发。

步骤 7　吹前额部头发。

步骤 8　修饰定型，完成吹风造型。

 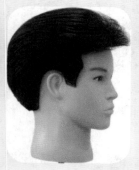

男式高色调时尚发型的吹风造型

操作准备

工具和设备：吹风机、梳刷。

操作步骤

步骤 1　造型前整理头发。

步骤 2　吹后部头发。

步骤 3　吹左侧头发。

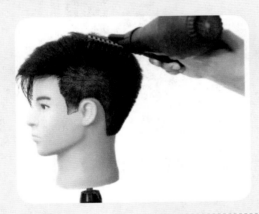 

步骤 4　吹右侧头发。

步骤 5　吹顶部头发。

步骤 6　吹前额部头发。

步骤 7　修饰定型，完成吹风造型。

男式有色调卷发发型的吹风造型

操作准备

工具和设备：吹风机、梳刷。

操作步骤

步骤 1　造型前整理头发。

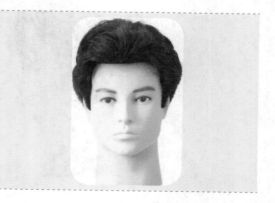

步骤 2　吹后部头发。

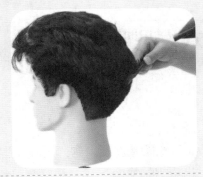 

步骤 3　吹左侧头发。　　　　　　步骤 4　吹右侧头发。

步骤 5　吹前额部头发。

步骤 6　修饰定型，完成吹风造型。

美发师（中级）

培训单元3 女式发型吹风造型

培训重点

了解女式中长碎发发型、中长时尚发型、中长翻翘发型、中分短发发型、旋转式短发发型、时尚短发发型、堆积短发发型吹风造型的方法。

能够对女式中长碎发发型、中长时尚发型、中长翻翘发型、中分短发发型、旋转式短发发型、时尚短发发型、堆积短发发型进行吹风造型。

知识要求

一、女式中长发

1. 女式中长碎发发型

女式中长碎发发型垂坠顺滑，外轮廓圆润饱满，线条清晰流畅，体现女性直发的柔美感。

2. 女式中长时尚发型

女式中长时尚发型的头发长度一般到肩部以下，发式层次从上往下逐渐递增，底部轮廓线为圆弧形，耳侧头发和后面头发自然衔接。

3. 女式中长翻翘发型

女式中长翻翘发型翻翘幅度一般以 8 ～ 10 cm 为宜，流向以向上向后为准，体现发尾外翻并上翘形成的外轮廓弧度，发花的衔接幅度是整个造型弧度的展现。顶部要吹出饱满弧度，整体造型的高度以刘海展现，刘海运用滚刷吹梳成先向后再向前的 S 形纹理，并与外轮廓衔接。

二、女式短发

1. 女式中分短发发型

女式中分短发发型主要吹出整体造型的圆润感，线条流向清晰明了、流畅自然，头部中间有头缝，头发由中间向两边自然分开。

84

2. 女式旋转式短发发型

女式旋转式短发发型主要吹出整体造型的饱满度，造型的高度在于饱满的程度，吹梳时没有高度的突出点，线条流向清晰明了，整体呈螺旋状，整体的弧度有圆润感，流向以顶部螺旋放射向四周为宜，发尾略向前及向侧后。

3. 女式时尚短发发型

女式时尚短发发型主要吹出整体造型的饱满度，造型的高度在于饱满的程度，吹梳时没有高度的突出点，线条流向清晰明了，整体发丝自然流畅。

4. 女式堆积短发发型

女式堆积短发发型主要吹出整体造型的简洁流畅感，线条垂直自然，发型轮廓无须太蓬松。

三、女式发型吹风造型的质量标准

1. 线条流畅，发丝纹理清晰，结构优美。

2. 轮廓饱满，能配合脸型和遮盖头型缺陷。

3. 发丝自然流畅，没有做作之感。

4. 发型牢固持久，方便梳理。

技能要求

女式中长碎发发型的吹风造型

操作准备

工具和设备：吹风机、梳刷。

操作步骤

步骤 1 造型前整理头发。	步骤 2 吹底部头发。

步骤 3　吹中部头发。

步骤 4　吹左侧头发。

步骤 5　吹右侧头发。

步骤 6　吹顶部头发。

步骤 7　吹前额刘海。

步骤 8　　修饰定型，完成吹风造型。

注意事项

女式中长时尚发型的吹风造型步骤与女式中长碎发发型相同，表面吹出波浪纹理，达到动感时尚之美。

女式中长翻翘发型的吹风造型

操作准备

工具和设备：吹风机、梳刷。

操作步骤

步骤 1　　造型前整理头发。

步骤 2　　吹底部头发。

步骤 3　吹中部头发。

步骤 4　吹左侧头发。

步骤 5　吹右侧头发。

步骤 6　吹顶部头发。

步骤 7　吹前额刘海。

步骤 8　修饰定型，完成吹风造型。

女式中分短发发型的吹风造型

操作准备

工具和设备：吹风机、梳刷。

操作步骤

步骤 1　造型前整理头发。

步骤 2　吹底部头发。

步骤 3　吹中部头发。

步骤 4　吹左侧头发。

步骤 5　吹右侧头发。

步骤 6　吹顶部头发。

步骤 7　吹前额刘海。

步骤 8　修饰定型，完成吹风造型。

女式旋转式短发发型的吹风造型

操作准备

工具和设备：吹风机、梳刷。

操作步骤

步骤 1　造型前整理头发。

步骤 2　吹中部、底部头发。

步骤 3　吹两侧头发。

步骤 4　吹顶部头发、前额刘海。

步骤 5　修饰定型，完成吹风造型。

注意事项

女式时尚短发发型的吹风造型步骤与女式旋转式短发发型相同，纹理流向体现时尚感。

女式堆积短发发型的吹风造型

操作准备

工具和设备：吹风机、梳刷。

操作步骤

步骤 1　造型前整理头发。

步骤 2　吹底部头发。

步骤 3　吹中部头发。

步骤 4　吹左侧头发。

步骤 5　吹右侧头发。

步骤 6　吹顶部头发。

步骤 7　吹前额刘海。

步骤 8　修饰定型，完成吹风造型。

思考题

1. 简述修剪工具的维修和保养方法。
2. 简述烫发出现的常见问题及其解决方法。
3. 简述男式无色调中分发型的修剪步骤。
4. 简述女式吹风造型的质量标准。

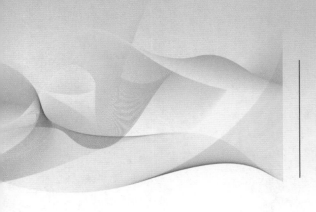

职业模块 ❸
剃须与修面

内容结构图

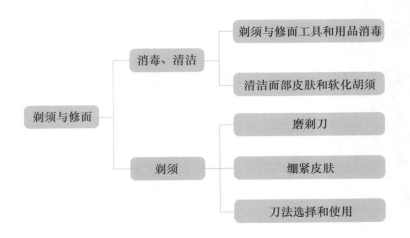

培训项目 ① 消毒、清洁

培训单元 1　剃须与修面工具和用品消毒

培训重点

了解剃须与修面的工具。

能够对剃须与修面工具和用品进行消毒。

知识要求

消毒是指用物理、化学、生物等方法杀灭或清除致病的微生物。消毒对于美发店至关重要。

一、工具简介

剃刀是美发师使用的一种锐利、易变钝的剃须和修面工具，共有三种不同形式的剃刀。

1. 固定式刀刃剃刀（见图 3-1）

固定式刀刃剃刀由刀身（钢质）和刀柄构成，用刀轴连在一起。

2. 换刃式剃刀（见图 3-2）

换刃式剃刀是一种装有可替换刀片的剃刀。这种剃刀在外表上和使用上跟固定式刀刃剃刀一样。当剃刀的刀片不锋利时，可将其取出换上新的刀片。

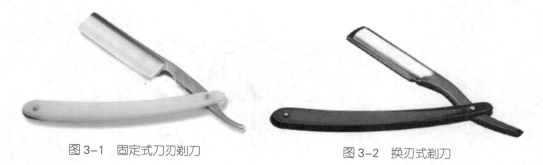

图 3-1　固定式刀刃剃刀　　　　　　　　图 3-2　换刃式剃刀

3. 电动剃须刀（见图 3-3）

电动剃须刀操作容易，但是不能像剃刀那样把胡须剃得很干净，因此仅在顾客吩咐使用电动剃须刀或自助操作时使用。

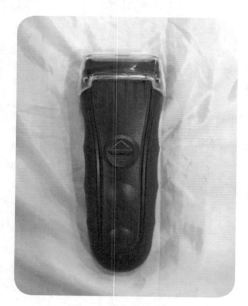

图 3-3　电动剃须刀

二、工具和用品消毒

1. 红外线消毒箱消毒

红外线消毒箱消毒温度高于 120 ℃，作用时间为 30 min，主要用于剃刀等金属制品的消毒。

2. 蒸汽、煮沸消毒

剃须和修面也要用到毛巾、面巾等用品，其采用蒸汽或煮沸消毒，消毒时间为 15 ～ 30 min。

培训单元 2　清洁面部皮肤和软化胡须

熟悉清洁面部皮肤的用品和方法。

掌握软化胡须的方法。

一、清洁面部皮肤的用品

1. 洁面乳或香皂。

2. 毛巾。

二、清洁面部皮肤用品的使用方法

1. 涂抹。

2. 擦拭。

三、软化胡须的方法

剃须前，应先用洁面乳或香皂洗净脸部。如果脸上、胡须上留有污物或灰尘，剃须时由于剃刀对皮肤产生刺激或轻微碰伤皮肤，污物或灰尘可能会引起皮肤感染。

洗净面部后，用热毛巾焐一会儿胡须，再涂上剃须膏或皂液，有利于刀锋对胡须的切割和减轻对皮肤的刺激。剃须膏是剃须的专用品，有泡沫型和非泡沫型两种，有的还可自动发热。剃须膏的使用方法比较简单。

培训项目 **2**

剃须

培训单元 1 磨 剃 刀

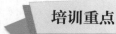

了解剃刀的研磨工具。

熟悉磨剃刀的方法。

一、研磨工具

1. 磨刀石

（1）天然磨刀石。天然磨刀石是用天然岩石制成的。利用这种磨刀石磨剃刀时，通常需要加清水或肥皂泡沫。

（2）合成磨刀石。如碳化矽磨刀石等合成磨刀石都是人造产物，使用这类磨刀石时，可以干磨，也可以把肥皂泡沫涂在上面湿磨。

（3）综合磨刀石。综合磨刀石由一块天然磨刀石和一块合成磨刀石结合而成，如图 3-4 所示。

2. 趟刀布（革砥）

一条结构细密的趟刀布（见图 3-5）能为剃刀磨出一个持久的刀锋。牛皮、马皮、人造革也能制成趟刀布，通常称为革砥。

图 3-4 综合磨刀石

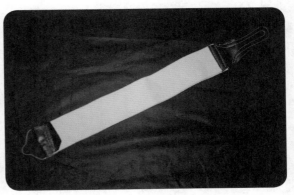

图 3-5 趟刀布

二、磨剃刀的方法

磨剃刀时，要注意用力均匀，剃刀两面都要均匀磨到。收刀时，要掌握力度，并且动作要到位。

1. 磨刀石磨剃刀

（1）顺口刀磨法。先将磨刀石放平稳，将剃刀刀口向里，刀面平贴在磨刀石上，做自右向左的螺旋形转动，刀口要与磨刀石接触，经过 6～7 次旋转之后，将剃刀在磨刀石平面上向前推动到磨刀石的外边沿，随后剃刀在磨刀石上翻一面，使刀口向外，再做自左向右的螺旋形转动。若干次后，将剃刀平拉至磨刀石的里端，再做 180° 翻转，使刀口向里，做自右向左的螺旋形转动，这样反复多次，直至剃刀锋利为止。

（2）逆口刀磨法。刀的持法同顺口刀磨法，刀口向外，从靠近身边的一端开始，自左向右做螺旋形转动。若干次后，再直接将剃刀从身前推至外端，然后剃刀在磨刀石上做 180° 翻面，使刀口向内，刀背向外，再做螺旋形转动。然后，将刀面拉向靠近身体的一端，翻身后再继续反复磨，其转动方向与顺口刀磨法相反。这种磨刀方法的优点是速度较快。

（3）收刀法。剃刀磨至一定的程度，就要进行收刀。收刀法由向前推与向后拉两个动作组成，剃刀直线运动。对于顺口刀磨法，向前推时刀口朝内，向后拉时刀口朝外；而逆口刀磨法收刀时，刀口方向则相反。

2. 趟刀布挡刀

挡刀时，左手拉紧趟刀布的末端使其中间不下垂，同时要注意挡刀速度均匀、力度适当。

三、注意事项

1. 操作时的安全

磨剃刀时要注意自身的安全，尤其是试刀时。

2. 磨剃刀的质量要求

（1）没有卷口。首先必须检查刀刃有无卷口，有卷口说明不锋利，不仅切不断毛发，而且还会打滑。

（2）刀刃锐利。用头发在刀刃上试切一下，头发一碰就断裂，说明已达到要求。

培训单元 2   绷 紧 皮 肤

了解绷紧皮肤的作用。

能够运用张、拉、捏等方法绷紧皮肤。

一、绷紧皮肤的作用

皮肤是人体表面具有保护作用的覆盖层，是环境与人体的分界线，把人体与周围的环境分开。皮肤表面不断受到磨损，同时不断地由里到外更新。皮肤具有弹性，能随着皮下肌肉的运动而伸展。阳光暴晒以及年龄增长，都会使皮肤的弹性衰退，导致皮肤出现皱纹。

二、张、拉、捏等方法

1. "张"的方法

"张"就是用拇指与中指贴着皮肤，使两指间的皮肤绷紧，剃刀在绷紧的皮肤上修剃（见图 3-6）。这是一种运用广泛的方法，在运用时有较大的灵活性，但两指张开的角度、幅度和贴在皮肤上用力的轻重程度等，都要跟剃刀相配合。

2."拉"的方法

"拉"就是用 2 ~ 4 个手指向一个方向拉紧皮肤（见图 3-7），以便剃刀修剃。这种方法适用于修剃下颌部位的胡须。

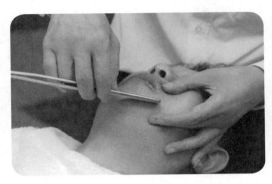 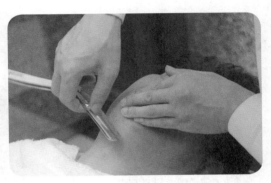

图 3-6　"张"的方法　　　　　　　　图 3-7　"拉"的方法

3."捏"的方法

"捏"就是用拇指和食指夹住一块皮肤（连同肌肉一起），使被捏部分的皮肤鼓起（见图 3-8），便于用剃刀轻剃。"捏"的方法常用于唇四周，如人中部位，因为大多数人的人中都是凹下去的，把它捏得鼓起来剃刀就容易操作了。

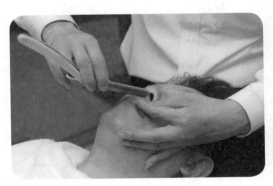

图 3-8　"捏"的方法

培训单元 3　刀法选择和使用

培训重点

了解各种刀法的特点。

掌握长短刀法的运用范围。

能够运用不同的刀法进行剃须与修面。

知识要求

一、剃须与修面的程序

剃须与修面的程序为：洗净面部→焙热毛巾→准备剃刀→涂抹剃须膏或者皂液→剃须操作→毛巾擦拭→修面操作→毛巾擦拭→面部按摩。

二、剃须与修面的刀法

1. 长短刀法

长短刀法是针对运刀路线的长短而言的。一般长刀法的运行距离为 7 ~ 10 cm，即每一刀从落刀至收刀的间距在 7 ~ 10 cm，这是由每个人手腕摆动的幅度决定的。短刀法摆动的幅度稍小一点，刀的运行路线稍短一点，一般在 3 ~ 5 cm，当然也有在 1 ~ 2 cm 或更短距离内的。

长短刀法的使用有一定的规律。体态较胖的人，多采用长刀法；体态较瘦的人，多采用短刀法。剃须时多用短刀法，修面时多用长刀法。胡须浓密粗硬时，多用短刀法；胡须稀少细软时，多用长刀法。总之，长短刀法的使用主要由顾客脸部特征（如脸部凹凸与平坦），以及胡须多少、粗细、软硬等诸多因素决定的，不能千篇一律。要根据具体情况及个人技能来决定长短刀法使用的具体部位。

2. 正手刀、反手刀和推刀

（1）正手刀（见图 3–9）。刀锋向下并略向内偏斜操作时，手指与肘部不动，运用手腕自外向内运动（刀口应对着美发师所站立的方向）。顺着毛发流向的运动称为顺剃，逆着毛发流向的运动称为逆剃。正手刀是剃须修面中使用最多的刀法。

（2）反手刀（见图3-10）。先按正手刀姿势握刀，再将手腕向内转，使手心略向内翻，刀口向外、向下偏斜，运用手腕自内向外运动。反手刀一般用于正手刀操作不方便的部位，如左鬓角、右下颌。

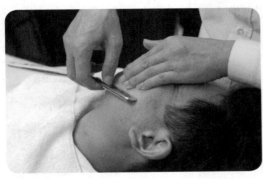

图 3-9　正手刀

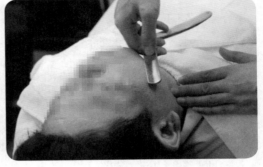

图 3-10　反手刀

（3）推刀（见图3-11）。先按正手刀姿势握刀，不要转动刀身，将手腕自内向外翻转，使手心向前，刀口向外、向下偏斜，运用手腕自内向外运动。推刀主要是改变刀口的方向。在前两种刀法剃过但没有剃干净的部位采用推刀进行重复刮剃。

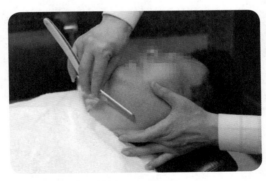

图 3-11　推刀

3.手腕技巧的练习

（1）美发师的上肢操作姿势是将两臂抬起，与肩相平，两肘向胸前弯曲75°呈弧形，肌肉放松，同时保持呼吸均匀。

（2）手腕练习的核心是摇腕，练习姿势是将两臂抬起，右手掌心向下，手背与手腕在一个平面上，右手拇指张开，其余四指自然弯曲，右手张开呈"八"字形，中指搭在食指上，无名指和小指自然伸直，拇指与食指的距离扩大到最大限度，练习时两臂与左手不动，右手手腕在平面上做左右摇摆运动。

三、注意事项

1. 根据顾客脸部的生理特征选用刀法

修剃刀法的选择主要取决于顾客脸部的生理特征。

肥胖人的脸部比较丰满，脸颊部凹凸相对较少，给修剃带来方便，因此正手刀、反手刀、推刀均可使用。

体态较瘦的人脸颊部凹凸十分明显，如额骨前倾、眉骨凸出、眼眶凸出、眼球凹陷、颧骨凸出、下颌骨显露、颞骨凹陷等，给剃须与修面带来诸多不便。

对于体态较瘦者应使用短刀法，而不适宜用长刀法。对于体态较瘦者应使用多种刀法，并配合多种绷紧动作来协助修剃。

2. 剃须时的运刀角度

当剃刀的刀刃接触皮肤时，刀背应侧过来，不能竖立着，因为这样的角度，刀刃是倾斜着从毛发侧面近似横着切进去的，切断力强，且不易刮破皮肤。对于胡须较粗硬的，则刀刃的倾斜角度可以稍大一些，一般为 25°～45°，接近于斜切。

思考题

1. 简述剃须与修面的工具及其消毒方法。
2. 简述软化胡须的方法。
3. 简述磨剃刀的方法。
4. 简述绷紧皮肤的方法。
5. 简述剃须修面程序及各种刀法的运用。

职业模块 4

染发

内容结构图

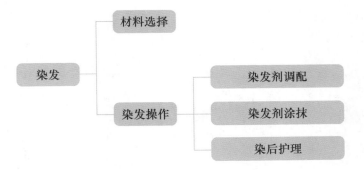

培训项目 **1**

材料选择

培训重点

了解染发剂的相关知识。

了解双氧乳的相关知识。

了解染发自然色系识别的知识。

能够判断顾客的发色。

能够根据顾客的发质和染发效果要求选择染发剂。

知识要求

一、染发剂和双氧乳

1.染发剂

（1）染发剂的化学知识。染发剂的效果主要由其含有的化学成分及化学成分的作用来决定。

1）氨。氨的作用是打开头发的表皮层，需要结合双氧乳才能发挥其作用。

2）色素。色素本身是白色透明的，被氧化后会变成较大的粒子，停留在头发内部。

3）稳定剂。稳定剂的作用是保护和稳定染发剂的效果。

4）护发成分。护发成分渗透到头发的内部，起保护头发的作用。

（2）染发剂的物理知识。通常来说，染发是一个化学反应的过程，但是其中也有通过物理操作来帮助完成染发的。如在染发剂涂抹时，需要用横向涂抹的方式来操作，帮助头发鳞状表皮层打开；另外，在染发时通过加热，同样也可以加速鳞状表皮层的打开以及缩短染发的时间等。这些都是通过物理辅助的方式，来使染发的效果达到的方法。

（3）染发剂的种类

1）按染色保持时间分类

①暂时性染发剂。暂时性染发剂是一种不含氧化剂（显色剂）的染发产品，颗粒大的色素分子附着于头发表皮层鳞片上覆盖上色，多为一次性上色。

②半持久性染发剂。半持久性染发剂是不需使用双氧乳的染发产品。半持久性染发剂的染发原理是：头发有无数个色素孔，当色素进入色素孔中，头发就呈现一定的颜色。半持久性染发剂对头发伤害小，遮盖力强，发色均匀、亮丽、健康，洗发时会有点褪色。

③持久性染发剂。持久性染发剂能达到快速染发与不褪色的效果，需要与双氧乳配合使用。持久性染发剂遮盖性好，洗发时一点也不会褪色。

2）按染色作用分类

①基色。基色是指没有加任何色调的天然色，可用来给顾客染自然色系的颜色，也可以单独用来遮盖白发，还可以配合时尚色染发剂在白发上染出时尚色。

基色一般在色板上的标号中有两种表示方法。染发剂产品的代号 1/0、2/0、3/0……或 1.0、2.0、3.0……都表示基色。例如，3.0 或 3/0 中，3 表示色度为中棕色，小数点（.）或斜杠（/）区分左右的色度和色调，0 表示不加任何色调。

②时尚色。时尚色是指加上不同色调的染发剂，它不能遮盖白发。时尚色可用来给顾客染时尚色系的颜色，也可以混合基色做出遮盖白发的时尚色系。

时尚色一般在色板上的标号中有两种表示方法。例如，6.3 或 6/3 中，6 代表色度为最深金色，小数点（.）或斜杠（/）区分左右的色度和色调，3 代表色调中的金黄色。

③工具色。工具色用来增加或减少色调中颜色的深浅度，又称添加色，在色板上，有很多色调都有其相应的添加色。

工具色一般在色板上的标号中有两种表示方法。染发剂产品的代号 0/1、0/2、0/3……或 0.1、0.2、0.3……都表示工具色。例如，0/2 或 0.2 中，2 表示没有色度的绿色，小数点（.）或斜杠（/）区分左右的色度和色调，0 表示不加任何色度。

④提亮色。提亮色用来增加色调中颜色的深浅度。提亮色在单独使用时，可以配合不同度数的双氧乳，在已染过的头发上染浅 1 ~ 2 度，也可以在天然发上染浅 2 ~ 3 度。提亮色配合时尚色染发剂使用时，可以使时尚色染发剂有浅 1 度的显色效果。提亮色一般色板上的标号为 0.00 或 0/00。

2. 双氧乳

双氧乳的主要作用是显色，因此又称显色剂。双氧乳是一种能够消除色素的物质，双氧乳中的氧可以软化头发的表皮层，渗透到皮质层中，把皮质层中的天然色素分子带到表面。双氧乳在头发的皮质层内逐渐和人工色素分子结合氧化，直至色素充分膨胀组合，留在头发的皮质层内。

常用的双氧乳有 3%、6%、9%、12% 等，3% 双氧乳不能染浅头发，6% 双氧乳可染浅 1 度颜色。一般情况下，3% 和 6% 双氧乳是用来直接和染发剂调和上色的。9% 双氧乳可染浅 2 度颜色，12% 双氧乳可染浅 3 度颜色。

3. 双氧乳和染发剂的运用

（1）头发由浅染深。如果头发由浅染深，只要做 1 度或 2 度的深色，可用 3% 双氧乳，一般情况下双氧乳与染发剂的调配比例是 1∶1（具体根据产品的要求来定），调配比例不当会出现回色或过色的现象。

（2）头发由深染浅。首先要仔细辨别顾客头发底色，其次要找出头发需要去掉多少度的黑色，最后选用相应的双氧乳。例如，将 2 度的头发做成 5 度颜色的话，就要用能去掉 3 度颜色的双氧乳，即用目标色染发剂和 12% 双氧乳按调配比例 1∶1 调和后涂抹在头发上。

二、顾客发色判断

在染发前，观察顾客的发色非常重要，只有准确判断顾客原有的发色，才能正确地为顾客选择相应的染发剂和双氧乳。判断顾客的发色首先需要一个光线充足的环境，切忌在背光的地方观察顾客的发色；其次，要判断顾客原先有没有染发的经历。

1. 天然发

亚洲人的天然发一般呈不同程度的黑棕色。

取出发束后，首先将其放在色板上自然色系那一排参照发朵的位置，依次判断和顾客头发相近的基色，确定顾客头发原有色度。然后根据顾客选择的颜色，配上合适的双氧乳，调制染发剂并操作染发。

2. 已染过的头发

已染过的头发要先判断其颜色的色度、色号，染过头发的时间间隔，以及有没有染黑的经历。

首先取出发束，找到发束在色板上相应的色号。然后用天然发的判断方法，找到属于发根新生发的色度。最后根据顾客的要求，将发根和发梢的颜色做到一致。

3. 有白发

有白发的头发要先判断白发的分布情况，白发和黑发的比例，以及之前有没有染黑发的经历。

一般会先观察白发的分布情况。白发有集中分布和扩散分布两种。集中分布的白发染发时，可在白发集中的部位先选择较深的基色做打底，再整头染需要的目标色；扩散分布的白发染发时需要在目标色染发剂中加入基色，达到盖白发同时染彩色的目的。

三、目标色的选择

目标色是指顾客染发要求的颜色。

1. 直接在色板上选择颜色

通常情况下，在天然发染色的时候会比较多地直接采用色板上的颜色。可以根据顾客的选择以及美发师判断后给顾客的建议，直接选用色板上的色号配合相应的双氧乳，达到需要的颜色。

2. 顾客自己有参照的图片

顾客要求做图片上的颜色，这个时候需要美发师先行判断图片上的颜色和色板上哪个颜色类似，再选用色板上相应色号的染发剂为顾客染发。

3. 补染原有的发色

这种情况是指顾客原来已经染过头发，需要补色。此时，美发师要拿出一束顾客原来染过的头发，和色板对比，找出相应的色号，为顾客操作染发。

四、染发自然色系识别

自然色系又称基色色系，代表头发的色度，即头发颜色的深浅度，在色板上用斜杠（或小数点）前的数字表示。头发由深到浅共分为 10 个色度，即 1 代表黑色、2 代表深棕色、3 代表中棕色、4 代表浅棕色、5 代表最浅棕色、6 代表最深金色、7 代表中浅金色、8 代表浅金色、9 代表最浅金色、10 代表非常浅金色。

五、注意事项

在染发的过程中，需要用到色彩调配的情况包括：一是色板上没有顾客所需要的颜色；二是需要加强顾客的发色；三是需要中和顾客原有的发色。

每个人都有其不同的特点，包括性格、品位、所处环境、个人喜好，在为顾客挑选颜色时，一定要注意询问清楚顾客最真实的想法及顾客在工作中所处的环境。只有这样，才能避免错误选色的发生，从而给顾客染一个满意的发色。

培训项目 ② 染发操作

培训单元 1　染发剂调配

培训重点

了解染发剂和双氧乳的调配比例。
能够根据染发色彩要求调配染发剂。

知识要求

一、染发剂的一般调配比例

染头发的发中及发尾部位时，染发剂和双氧乳的调配比例一般为 1∶1。染发根部位时，染发剂和双氧乳的调配比例一般仍为 1∶1，但是要注意发根所用双氧乳要比发中和发尾的低 1 个级别（如染发中及发尾用 9% 双氧乳，则发根用 6% 双氧乳）。

二、发根染、同度染的染发剂调配比例

1. 发根染

单独操作发根染的时候要注意判断原发色的色度，选用适合的双氧乳，染发剂和双氧乳的调配比例为 1∶1。

2. 同度染

它是指在头发原有的色度基础上添加一些不同的色调，双氧乳选用 6%，可根据所需要的不同发色选择染发剂，按 1∶1 的调配比例来调配染发剂和双氧乳。

三、浅染深的染发剂调配比例

1. 浅染深 2 度以下

选用目标色、同度基色、6% 双氧乳，按照 1：1：2 的比例调配。

2. 浅染深 2 度以上

选用目标色、比目标色低 1 个色度的基色、6% 双氧乳，按照 1：1：1 的比例调配。

四、注意事项

染发剂在调配之后有使用时间的限定，整个染发剂从调配完开始氧化到最后氧化失效的时间为 45 min 左右，因此染发剂在调配之后的 20 ~ 25 min 内要完成涂抹，以确保其效果。

培训单元 2　　染发剂涂抹

能够进行染前准备。

能够进行染发剂涂抹操作。

一、染前准备

1. 染发之前发质的判断

在所有染发操作前要对顾客的发质进行判断，通过观察和触摸来确定顾客的头发是健康发、细软发、粗硬发或受损发。

2. 确定染发目标色并选择染色方案

通过和顾客的沟通，在色板上选取沟通后所决定的目标色，根据顾客原有的发质和发色，决定染发的方案（可选择初染、补染、复染、时尚色盖白发等）。

3. 对顾客进行染发剂的过敏反应测试

先清洗耳后或手腕处皮肤，然后用棉签蘸取染发剂涂在皮肤上，按规定保留一定的时间。如果皮肤发红、肿胀、起泡或呼吸急促，则不能染发，应寻求医生帮助。过敏反应测试后，应将检测结果登记在顾客记录卡上。在此强调一下：做任何染发之前都要进行皮肤过敏反应测试。

二、时尚色盖白发的染发方法

1. 白发较集中的情况
可先染白发较多的部位，再进行全染操作。

2. 白发较为分散的情况
通过在染发剂中添加基色进行时尚色盖白发操作。

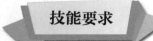

技能要求

初　染

操作准备

工具准备：染发专用围布1条、干毛巾2条、染发手套1副、护耳套1副、染发剂1支、6%和9%双氧乳各1份、调色碗1个、染发刷1把、染发披肩1块、试剂电子秤1台。

操作步骤

步骤1　做好安全保护措施，为顾客衬好干毛巾，围好围布及披肩，戴好护耳套。	步骤2　将头发分成四个大的发区。

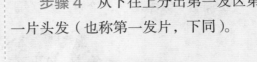

步骤 3　戴好染发手套，用试剂电子秤称取等量的染发剂和双氧乳，在调色碗中调配。

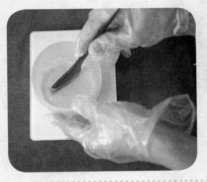

步骤 4　从下往上分出第一发区第一片头发（也称第一发片，下同）。

步骤 5　保留发根，涂抹染发剂在第一发片上。

步骤 6　依次分出第一发区发片，进行染发剂涂抹，直至完成第一发区整体涂抹染发剂。

步骤 7　分出第二发区第一片头发。

步骤8　保留发根，给第二发区第一片头发涂抹染发剂。

步骤9　依次完成第二发区整体涂抹染发剂。

步骤10　分出第三发区第一片头发。

步骤11　保留发根，给第三发区第一片头发涂抹染发剂。

步骤12　依次完成第三发区整体涂抹染发剂。

步骤13　分出第四发区第一片头发。

步骤14　保留发根，给第四发区第一片头发涂抹染发剂。

步骤15　依次完成第四发区整体涂抹染发剂。

步骤16　用染发刷将所有的头发涂抹均匀平整。

步骤17　自然停放 15 ~ 20 min。如果可以加热，则时间减半。特殊情况时间可适当延长。

步骤18　发束检查，查看头发是否显色到位。

步骤19　使用比发中和发尾处低1个级别的双氧乳重新调配染发剂（如果发尾使用 9% 双氧乳，则发根使用 6% 双氧乳即可）。

步骤20　第一发区逐片发根涂抹染发剂，正反面都要涂抹，且要注意控制染发剂用量。

步骤 21　完成第二发区逐片发根涂抹染发剂。

步骤 22　完成整头发根涂抹染发剂。

步骤 23　等 10 min 左右，检查发根的显色效果，要求发根、发中及发尾的颜色基本一致。

步骤 24　在冲洗之前，需要在头发上用少量的温水轻轻揉搓，乳化 3 min左右，使发色更加均匀。然后用专业染后护色洗护用品为顾客清洗头发。

步骤 25 吹风造型，完成最终效果。

注意事项

1. 涂抹染发剂时，先涂抹后发区，再涂抹前发区。

2. 发片的厚度为 0.75 ~ 1 cm，在离发根 2 cm 处开始涂抹染发剂。

3. 涂抹染发剂时，先用刷尖分取发片，再用手抵住发根，使发片与头皮基本保持 90°。

4. 染发剂涂抹要求充足、均匀。

补　染

操作准备

工具准备：染发专用围布 1 条、干毛巾 2 条、染发手套 1 副、护耳套 1 副、染发剂 1 支、双氧乳 1 份、调色碗 1 个、染发刷 1 把、染发披肩 1 块、试剂电子秤 1 台。

操作步骤

步骤 1 做好安全保护措施，为顾客衬好干毛巾，围好围布及披肩，戴好护耳套。

步骤 2 将头发分成四个大的发区。

步骤 3　戴好染发手套，用试剂电子秤称取等量的染发剂和双氧乳，在调色碗中调配染发剂。

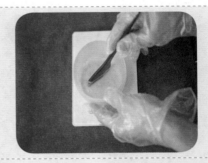

步骤 4　用染发剂涂抹分区线，既能使白发提前上色，又能保持干净整齐。先上后部左右两个发区（沿分区线和发际线涂抹染发剂），再上前部左右两个发区。

涂左侧分区线

涂后部中间分区线

涂左后及左侧发际线

涂后部中间分区线

涂右侧分区线

涂右侧发际线

涂右后发际线

涂右前分区线

涂前部中间分区线

涂右前发际线

涂右耳上发际线

涂左前分区线

涂前部中间分区线

涂左前发际线

涂左耳上发际线

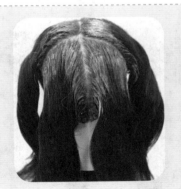
效果图

步骤 5　用染发剂分区完成后，分区逐片发根涂抹染发剂，注意要由上而下涂抹。

涂第一发区发根

完成第一发区

涂第二发区发根

完成第二发区

涂第三发区发根

完成第三发区

涂第四发区发根

步骤6　全头发根涂完，根据白发量调整停放时间，一般至少停放45 min。

步骤7　涂抹发中和发尾，均匀上色。

步骤8　继续停放并计时。

步骤 9　检查发根、发中和发尾颜色，确保颜色一致。

步骤 10　将头发冲洗干净。

步骤 11　吹风造型，完成最终效果。

培训单元 3　染后护理

培训重点

了解染后护理的目的。

能够对染后头发进行护理。

一、染后护理的目的

1. 保护头发

头发经过染发操作之后，表面的鳞状表皮层受到伤害，会逐渐脱落，造成头发干枯、分叉、没有光泽等不良的后果。染后护理可以修护头发的鳞状表皮层，并且深层滋润头发，让头发看起来更加健康。

2. 维持颜色的持久性

头发在完成染发操作之后，会开始逐步褪色，经过一段时间的自然褪色之后，头发会由刚刚染发之后的饱满色泽变得暗淡，没有光泽。因此，染后要定期做护理，以保证颜色的持久性，令发色看起来更加饱满鲜艳。

二、染后护理的方法

染后护理一般采用焗油护理，即用专业的护色焗油产品进行护理。通常情况下，这类产品的化学分子较小，能深入头发内部，并含有少量的色素粒子，能起到锁色和护色的作用。

染发操作完成，头发冲洗干净后，一般不用护发用品，直接涂抹染后护色焗油产品，注意不要涂到顾客的头皮上，要在发际线周围围上棉条，用保鲜膜包好，在上面覆盖一条毛巾，无须加热，等 20 min 之后冲洗干净即可。

三、注意事项

1. 护理的周期

染后护理一般建议在染发项目结束之后就要做一次，之后每 3 周左右做一次，以巩固染发的效果。

2. 染后护理的重要性

经常染发会对头发产生刺激，并造成头发干枯、开叉、断裂。染后若不注意护理和保养，会对头发产生影响，有时头发的色调还会改变，因此染后护理和保养是很有必要的。

思考题

1. 简述染发原理及染发剂成分。

2. 简述染深、染浅及同度染时染发剂和双氧乳的选择和调配比例。

3. 简述初染操作流程。

职业模块 ⑤
接发与假发操作

内容结构图

```
                                              ┌─── 接发材料选择
                                              │
                        ┌── 接发操作与调整 ────┼─── 接发操作及质量标准
                        │                     │
接发与假发操作 ─────────┤                     └─── 接发效果检查及调整
                        │
                        └── 假发操作与调整
```

培训项目 1

接发操作与调整

培训单元 1　接发材料选择

了解接发材料。

能够根据发型要求选择合适的接发材料。

一、接发材料

接发材料主要有化学纤维丝、动物毛、人发等。化学纤维丝以 PVC（聚氯乙烯）和 PET（聚对苯二甲酸乙二酯）材料为主。

接发材料按其是否添加阻燃剂可分为阻燃丝和不阻燃丝两种。

接发材料按选配使用方法可分为发片、发束等。

二、发质、发色与接发

1.判断顾客的发质

通过观察和触摸来确定顾客的头发是健康发、细软发、粗硬发、受损发等，这样更有利于接发的实施。

2.观察顾客原有的发色

顾客原有的发色可分为天然发（亚洲人的天然发一般色度为 2～4，呈现不同程度的黑棕色）或已染过的头发（判断染过颜色的色度、色调、染发时间等）。这是为了便于准确选择接发的颜色。

三、根据顾客的发型需求选择合适的接发材料

1. 发片接发
发片接发适合想要瞬间增加发量和改变发型的顾客，如图 5-1 所示。

图 5-1　发片

2. 发束接发
发束接发适合想要较长期改变发型的顾客，如图 5-2 所示。

图 5-2　发束

培训单元 2　　接发操作及质量标准

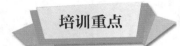

了解接发的方法。
了解接发的质量标准。
能够进行接发操作。

一、胶粘接发

胶粘接发的保持时间为 4 ~ 5 个月。

1. 优点和缺点

（1）优点。胶粘接发透气性好，轻盈简洁，发缕间通透，接发量多也不会感觉闷热。胶粘接发接发重量轻，只要头皮不过于敏感都可用胶粘接发。胶粘接发因其留有空隙，因此较好清洁，不会使洗发用品、护发用品之类的美发用品残留。

（2）缺点。胶粘接发不够结实，一般会有发丝不时掉落，影响接发的效果。胶粘接发时间一长易黏粘牵拉头发。胶粘接发时使用胶枪加热胶条易烫伤，因此操作时要格外小心。

2. 用品和工具

胶粘接发使用胶枪、胶条（见图 5-3），以及剪刀、电夹板、专用洗水等。

3. 操作方法

胶粘接发时，先将接发材料分成数小缕，然后用胶枪加热胶条抹在一小缕接发材料的根部，在适当位置取同样发量的真发，迅速将接发材料接在真发的发根处，距离头皮至少要 1 cm，胶粘剂会迅速凝固，这样一缕头发就接好了，如图 5-4 所示。不需要时，可让美发师用电夹板加热胶粘剂使之熔化，或者用专用洗水抹在连接处，将接发材料取下。

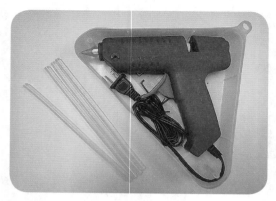

图 5-3 胶枪、胶条

图 5-4 胶粘接发操作

二、扣合接发

扣合接发的保持时间为 3 ~ 4 个月。

1.优点和缺点

（1）优点。扣合接发透气性好，较为轻盈，发缕间通透，接发量多也不会感觉闷热。扣合接发操作耗时短。扣合接发不会有紧绷感，卡扣重量极轻，只要头皮不过于敏感都可用扣合接发。扣合接发因其留有空隙，所以较好清洁，不会使洗发用品、护发用品之类的美发用品残留。

（2）缺点。扣合接发一般会有发丝不时掉落，影响接发的效果。

2.用品和工具

扣合接发使用专用扣子（见图 5-5）、钩针（见图 5-6）、尖头钳（见图 5-7）、剪刀、梳子等。

图 5-5　专用扣子

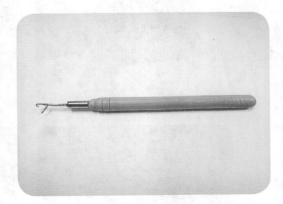

图 5-6　钩针

图 5-7　尖头钳

3. 操作方法

扣合接发是把头发分成数小缕，用专用扣子将要接的发束固定连接在真发的发根处，距离头皮至少要 1 cm 以上，头顶的头发会自然垂落盖住扣子。扣合接发的好处在于以后不需要时，可以方便地取下扣子和接发，如图 5-8 所示。

图 5-8　扣合接发操作

三、编织接发

编织接发保持时间为 4 ~ 10 个月。

1. 优点和缺点

（1）优点。编织接发较为结实、自然，如果不是人为扯断，接上去的头发几乎不会掉落，且与原发浑然一体，非常自然。相比扣合接发，编织接发更舒适，因扣合接发顾客睡觉时会略感觉硌，而编织接发时美发师会把发辫处理得很扁，不影响躺睡。

（2）缺点。因编织接发接近发根，头皮和接头部分就不太容易清洗，也容易残留油脂和头皮屑，不易梳理。编织接发较扣合接发更耗时费力。

2. 用品和工具

编织接发使用专用水晶丝线（见图 5-9）、剪刀（见图 5-10）、固定夹、喷壶等。

图 5-9　专用水晶丝线

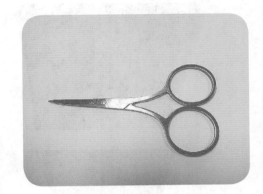
图 5-10　剪刀

3. 操作方法

编织接发是将发束编入真发之中，用专用水晶丝线固定扎结，是目前较普遍的一种接发方法，如图 5-11 所示。

图 5-11　编织接发操作

四、接发的质量标准

1.接发材料的选择要符合顾客的条件和要求。

2.接发方法要恰当。

3.真假发衔接要自然无痕迹，且牢度有保证。

4.接发要避免发色的偏差。

培训单元 3　　接发效果检查及调整

能够检查接发效果。

能对接发问题进行鉴别和原因分析并做相应调整。

一、接发效果的检查

胶粘接发主要检查胶粘的牢固度、服帖度与自然度。

扣合接发主要检查扣接的牢固度、服帖度与自然度。

编织接发主要检查辫子的紧实度、服帖度与自然度。

二、接发问题的鉴别和原因分析

1.接发问题的鉴别

（1）观察顾客发型的自然度鉴别接发的问题。

（2）衔接处的牢固度出问题一般是接发较松易掉，如图 5-12 所示。

（3）衔接处的服帖度出问题一般是接发不服帖，如图 5-13 所示。

图 5-12　衔接处的牢固度出问题

图 5-13　衔接处的服帖度出问题

141

2.接发问题的原因分析

（1）衔接处不牢、不紧、不实的原因是操作不当。

（2）衔接处不服帖的原因是衔接角度不当。

三、补救措施

1.不同失误的补救措施

（1）胶粘接发失误的补救措施是加热熔化胶粘剂或用洗水抹在连接处，取下接发重新再接。

（2）扣合接发失误的补救措施是取下扣子重新接发。

（3）编织接发失误的补救措施是解开辫子重新接发。

2.接发效果的补救措施

（1）均衡接发量的补救措施是分区、分份调整发束的发量。

（2）均衡接发时力度感的补救措施是尽量增加对发束的控制力度。

（3）均衡接发时角度的补救措施是尽量放低对发束的控制角度。

四、接发保持的注意事项

1.接发后的护理

接好后的头发在正确的护理下可保持很久，必须做到以下几点：

（1）每天梳理头发必须使用圆头宽行距的梳子，梳理时不要用力过大，否则会导致头发掉落。

（2）洗发水和护发素必须为酸性。

（3）不要在阳光下暴晒时间过长。

（4）吹发时风筒不要离接发根处太近。

（5）洗发时不要用力抓揉接发根处。

（6）发片需要定期护理。专业假发店买来的假发片，可以定期送回去用专业清洗剂清洗。

（7）手边常备顺发喷雾。接发的不自在之一，就是不能自由梳理头发，有顺发喷雾在手就方便得多，用手指梳理即可。

2.洗发时的注意事项

（1）洗发靠顺不靠揉。洗发时一定要先在手心里把洗发水搓出泡沫，再均匀涂到头发上，从上至下轻轻捋着洗。

（2）接发也要用护发素。用适量的护发素会让头发更顺滑，不易打结。

（3）先用干毛巾吸干水分，再用大齿梳子小心地梳理。别一梳到底，最好用一只手配合抓住衔接处进行梳理。

培训项目 ② 假发操作与调整

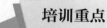

培训重点

了解假发的基本知识。
熟悉假发的护理知识。
能够进行假发造型。

知识要求

　　随着人们生活水平的提高，人们对发型的追求更趋个性化。曾作为商品出售并解决了一部分脱发顾客刚性需求的假发制品，现已提升到"假发造型"这一新的假发佩戴理念。通过定向修剪技术将选定的假发饰品与顾客自身头发融合，再进行造型打理，可以为顾客提供个性化发型的定制服务。

　　严格来说，假发造型私人定制不仅是一件出售的商品，而且也是一项为头发稀少、秃头的顾客增加局部发量感或变换发型的服务项目。假发造型可以满足消费者对美的需求。

一、假发的种类

1. 按材料分类

假发所用材料为真人发、纤维发、混合发。

2. 按面积分类

假发根据其面积可分为发套和发块两大类。发块根据网底的形状、大小及头发的长度可分为若干种。

3. 按制作工艺分类

假发按制作工艺可分为机制假发和手工假发两种。

4. 按风格分类

假发可分为四种风格。

针对 18 ～ 25 岁人群的酷感可爱风格假发，可体现"酷感个性"和"甜美可爱"。

针对 25 ～ 40 岁人群的时尚知性风格假发，可体现职业、干练等特点，同时也能与流行元素进行混搭，引领主流时尚。

针对 40 ～ 60 岁人群的品质优雅风格假发，可体现成熟、气质的特点。

针对 60 岁以上人群的追梦华丽风格假发，主要目的是遮盖白发、增加全头发量，甚至是全头覆盖等。

二、发块的佩戴

1. 发块先固定前额，注意高度要适当，两侧要对称。

（1）顾客头顶头发稀疏，建议用弹力卡扣（见图 5-14）固定发块。

（2）顾客头顶若无头发，则建议用双面胶片（见图 5-15）固定发块。

图 5-14　弹力卡扣

图 5-15　双面胶片

2. 用两只手分别捏住发块两侧，拉紧固定两侧，注意一定要对称。

3. 用同样的方法把后面也固定好。

三、假发修剪与造型

假发造型的修剪包括发底（顾客自身头发）和假发的修剪。

发底修剪时，发尾要柔和，以便于与发块相融合，主要工具是削刀和牙剪，使发型整体柔和蓬松，便于造型。

假发修剪时，假发柔和的发尾是与真发融合的重点，削刀和牙剪是主要的修剪工具，剪刀则作为修剪的辅助工具。

四、假发护理

1. 假发的清洗护理

（1）假发不易经常洗涤，一般在正常佩戴的情况下，1~2周清洗一次。

（2）洗涤时应用冷水或温水，以免影响清洗后假发的定型效果。

（3）洗涤时使用中性或弱酸性洗发用品。

（4）洗涤后只需用干毛巾轻压吸干水分（切勿机洗或甩干），喷适量假发护理油，挂在专用假发支架上，并置于阴凉通风处自然风干。

（5）待假发晾干后，先将假发拿起轻轻抖动几次，抖出发型的自然纹理，然后置于专业假发支架上，用手即可完成打理整形。注意：在整理两鬓处假发时，整理手势非常关键。

（6）纤维发切勿用吹风机、卷发棒等进行高温定型处理。可以适当使用温度不超过80 ℃的低温卷发棒或冷风进行局部定型处理。全真发需要重新进行吹风造型。

2. 假发的日常护理

将假发拿在手中轻轻抖动几次，然后一只手拿着假发，另一只手五指均匀分开梳理头发（或用宽齿梳、钢丝梳）。梳理时，注意一定要先从发尾开始梳理，自下而上梳理，这种梳理法不仅头发的打结处更容易梳通理顺，而且能够保持发丝不易脱落。梳理完毕后，还是一只手拿着假发，另一只手拿着装有清水的喷壶距离假发约40~50 cm对着假发进行几次喷洒，使整款假发附着上一层薄薄的水雾。喷水时，可以边抖动假发边喷洒，这样可以使水雾附着更加均匀。处理完后，将假发戴到头上或置于假发支架上，按照款式的原样及头发曲度等，用手即可进行快速的打理造型。

技能要求

假 发 造 型

操作步骤

步骤 1　模特做好发底修剪。

步骤 2　佩戴发块。

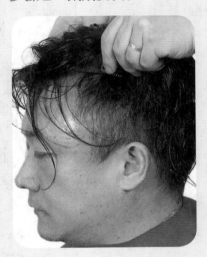

步骤 3　头发分区。发块修剪的分区与传统发型修剪的分区相同，但发片划分得更薄。

步骤 4　右侧修剪。

（1）右侧由下向上按照发片取份顺序进行一层一层的修剪。

（2）沿发块边缘分出 0.5 cm 左右的第一层发片，右区整体是向右的提拉方向。

（3）第一层发片以顾客本身头发的长度为参考，放量 1 ~ 2 cm，以右斜向下的提拉方向用削刀进行修剪。

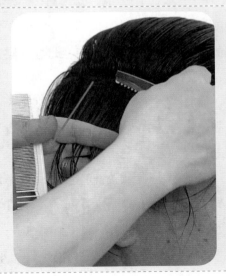

（4）第二层发片以第一层头发的长度为参考，用削刀进行修剪（60°左右的提拉角度），头发长度比第一层短1 cm左右。

（5）第三层比第二层长0.5～1 cm，提拉方向为水平向右，定垂直平面进行修剪。

（6）第三层开始向上的每一片发片都是水平向右的提拉方向，定垂直平面进行修剪。

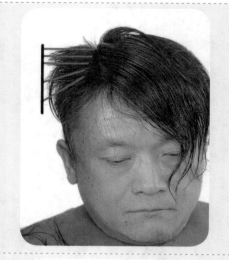

步骤5 左侧修剪。

（1）左侧同样由下向上按照发片取份顺序，进行一层一层的修剪。

（2）沿发块边缘分出0.5～1 cm左右的第一层发片，左区整体是向左的提拉方向。

（3）第一层发片以顾客本身头发的长度为参考，放量1～2 cm，以左斜向下的提拉方向用削刀进行修剪。

（4）第二层发片以第一层头发的长度为参考，用削刀进行修剪（60°左右的提拉角度），头发长度比第一层短1 cm左右。

（5）第三层发片比第二层长0.5～1 cm，提拉方向为水平向左，定垂直平面进行修剪。

（6）第三层开始向上的每一片发片都是水平向左的提拉方向，定垂直平面进行修剪。

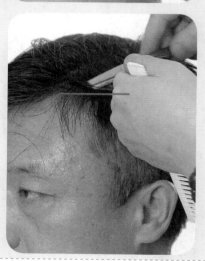

步骤 6　前区修剪。前区修剪与左右两区的修剪步骤相同，前额刘海的走向按顾客的习惯设计，头缝分界处的修剪不能有短茬出现。注意刘海区与两侧的衔接过渡要自然。

步骤 7　后区修剪。后区修剪与左右两区的修剪步骤相同，注意后发区与两侧的圆润连接。

步骤 8　修剪发底。修剪顾客周边发底的长度，确保发块与发底的自然融合，完成整个发型的修剪。

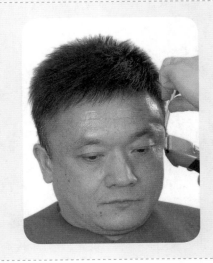

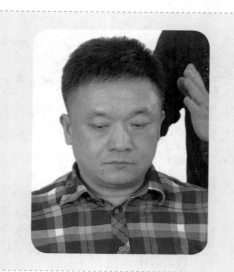

步骤9　修剪完成，使用吹风机、梳刷根据不同设计要求吹出发型，掌握造型方向并加以定型。

思考题

1. 简述接发种类。
2. 简述接发的工具和材料。
3. 简述假发的种类。
4. 简述假发的佩戴及日常维护方法。
5. 简述假发修剪的注意事项。